데보라의 달콤한 레시피

SugarCake 슈거케이크 마스터 Master 클래스 Class

황은숙 지음

★
(주)광문각출판미디어

머리말

안녕하세요. 《슈거케이크 마스터 클래스》를 선택하신 독자 여러분! 저는 황은숙, 혹은 데보라라고 불리는 슈거 크래프트 아티스트입니다. 이 책을 통해 여러분과 저의 여정을 함께 나누고자 합니다. 케이크는 단순한 디저트를 넘어, 보는 사람의 마음을 사로잡고, 만드는 사람의 열정을 담아낼 수 있는 특별한 작품이라고 생각합니다. 저는 이 책을 통해 제가 수년간 쌓아온 슈거 크래프트의 기술과 창작의 즐거움을 여러분께 전하고 싶습니다.

슈거 크래프트 케이크는 단순히 먹는 즐거움을 넘어, 시각적 예술로서 감동을 전할 수 있습니다. 케이크의 표면을 장식하는 정교한 디자인과 색채의 조화는 그 자체로 하나의 예술 작품이 될 수 있으며, 저는 이를 통해 사랑과 감사의 마음을 표현할 수 있는 방법을 나누고자 합니다. 이 책에는 제가 개발한 독창적인 디자인과 색감 활용법, 그리고 각종 재료의 특징을 최대한 살리는 방법이 상세히 담겨 있습니다. 여러분이 이러한 과정을 통해 단순히 레시피를 따라 만드는 것을 넘어, 자신만의 독특한 스타일을 담아낼 수 있기를 바랍니다.

Sugar Cake Master Class

이 책은 초보부터 전문가까지 모두가 이해하고 따라 할 수 있도록 구성되어 있습니다. 상세한 설명과 풍부한 사진을 통해, 여러분이 직접 케이크 위에 자신만의 이야기를 덧입힐 수 있도록 도와드리겠습니다. 또한, 각 장에서는 다양한 난이도의 작품들을 단계별로 소개하여, 초보자들이 천천히 실력을 키워 나갈 수 있도록 체계적으로 안내하고 있습니다. 케이크 데코레이션을 처음 접하는 분들도 자신감을 가지고 도전할 수 있도록, 쉬운 기초 단계부터 시작해 점차적으로 복잡하고 섬세한 디자인까지 차근차근 배워나가실 수 있을 것입니다. 이를 통해 여러분은 점차 자신감을 얻고, 더 복잡하고 섬세한 작품에도 도전할 수 있게 될 것입니다.

슈거 크래프트는 사람들의 소중한 순간을 더욱 특별하게 만드는 힘을 가지고 있습니다. 결혼식, 생일, 기념일 등 특별한 날에 준비된 케이크는 단순한 디저트를 넘어, 그날의 추억을 더욱 빛나게 하는 중요한 요소가 됩니다. 저는 이 책이 여러분의 소중한 순간들을 더욱 특별하게 만들기 위한 도구가 되어 줄 수 있기를 바랍니다. 이 책을 통해 여러분께 누구나 쉽게 따라 할 수 있는 기본적인 방법부터 고급 기술까지 아낌없이 공유하고자 합니다. 슈거 크래프트는 많은 도전이 필요하지만 그만큼 큰 성취감과 기쁨을 안겨 주는 활동입니다. 여러분도 이 책을 통해 새로운 도전과 창작의 기쁨을 경험해 보시길 바랍니다.

《슈거케이크 마스터 클래스》는 제가 수년간 연구하고 연마해 온 다양한 기술을 바탕으로, 여러분이 직접 케이크 아트에 도전할 수 있도록 실질적인 팁과 노하우를 담고 있습니다. 케이크를 장식하는 데 사용되는 재료의 선택에서부터 색감을 조화롭게 사용하는 방법, 그리고 케이크의 형태와 주제에 맞는 디자인을 구상하는 과정까지 세세하게 안내해 드리고자 합니다. 특히 과정 중 독자에게 전하는 싶은 중요한 내용이나 주의할 내용을 짚어서 여러분이 실수 없이 슈거케이크를 완성할 수 있도록 돕는 데 큰 도움이 될 것입니다.

디저트가 단순한 음식의 경계를 넘어 예술과 감동의 매개체가 될 수 있음을 경험해 보세요. 제가 공유하는 노하우를 통해 여러분의 손끝에서 피어나는 아름다운 작품들이 누군가에게 기쁨과 감동을 전할 수 있기를 기대합니다. 비록 처음에는 서툴고 어렵게 느껴질지라도, 한 걸음 한 걸음씩 따라오다 보면 어느새 여러분도 슈거 크래프트의 매력에 흠뻑 빠져들게 될 것입니다. 저는 이 책이 여러분과 함께 슈거 크래프트의 즐거움을 나누는 길잡이가 되기를 바랍니다. 여러분의 창조적인 여정에 이 책이 든든한 동반자가 되어 주길 바랍니다.

2025년 1월 황은숙(데보라)

목차

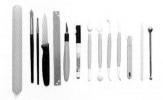

케이크의 모든 것 - 기초부터 완벽한 마스터 클래스 _009
- 케이크 준비, 스펀지 베이킹, 기초 재료 및 몰드 활용법

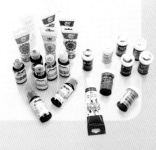

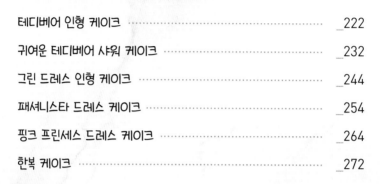

3. 사랑스러운 캐릭터로 마음을 사로잡는 슈거케이크

- 다양한 캐릭터를 입체적으로 표현한 테디베어, 드레스 인형 케이크 등

4. 슈거케이크를 더욱 특별하게 만드는 장식의 매력

- 테디베어와 토퍼 장식으로 케이크에 생명력을 불어넣는 방법

부록

- 완벽한 작품을 위한 케이크 템플릿(종이 본)

케이크의 모든 것 - 기초부터 완벽한 마스터 클래스

- 케이크 준비, 스펀지 베이킹, 기초 재료 및 몰드 활용법 -

케이크 준비하기

슈거로 표면을 덮는 케이크는 거의 냉장 보관을 하지 않는다. 슈거케이크 전용 냉장고가 있기는 하지만 보통 가정에서 사용하는 냉장고에 슈거케이크를 넣었다가 꺼내면 결로 현상으로 인해 슈거 표면에 물기가 생겨 케이크 장식이 다 망가지게 되기 때문이다. 그러므로 슈거로 씌우는 케이크에는 생과일이나 생크림, 치즈 종류는 사용하지 않는것이 좋다. 전통적으로 잼과 버터크림, 초콜릿 가나슈 등을 사용한다.

베이직 버터 크림 레시피

버터 200g
슈거파우더 300g
우유 또는 생크림 20g

소금 1/2 tsp
바닐라 익스트랙 1tsp

1️⃣ 실온도의 버터를 볼에 넣고 핸드 믹서로 2~3분 부드럽게 푼다

2️⃣ 슈거파우더를 반 정도 버터에 섞는다. 핸드 믹서로 바로 돌리면 가루가 날리므로 먼저 주걱으로 대충 섞은 후에 믹서로 돌린다.

3️⃣ 나머지 슈거파우더와 우유 또는 생크림, 소금과 바닐라를 전부 버터에 넣는다.

4️⃣ 버터크림의 색이 연해지고 공기가 들어가 부드럽고 풍성해 질때까지 6~7분간 믹서로 돌린다.

4️⃣ 사용하고 남은 버터크림은 냉장 보관한다.

1 먼저 케이크가 움직이지 않도록 케이크 밑판에 약간의 버터크림을 바른 다음 케이크를 올린다. 버터크림과 잼 등으로 케이크 사이사이를 샌드위치 한다. 버터크림의 양은 본인의 입맛에 맞춰 조절한다.

2 버터크림을 케이크 전체에 바른다. 팔레트 나이프로 버터를 듬뿍 가져다 케이크에 붙이고 양옆으로 살살 밀어 가며 바른다. 버터크림의 양이 작아 나이프가 케이크에 직접 닿으면 케이크 부스러기가 나이프에 묻어 지저분하게 되니 처음에는 버터크림을 듬뿍 바르고 될 수 있으면 나이프가 케이크 표면에 직접 닿지 않도록 주의한다.

3 케이크 스크래이퍼로 두껍게 바른 버터크림을 거둬낸다. 안쪽의 케이크가 거의 보일 정도로 버터크림이 얇게 코팅된 상태가 좋다. 버터크림이 너무 두껍게 발라 있으면 폰던이 케이크에 딱 달라붙지 못하기에 표면을 매끈하게 만들 수 없다. 또한, 버터크림은 케이크의 수분 증발을 막고 케이크 부스러기가 떨어지지 않도록 잡는 역할도 한다. 이렇게 버터크림을 바르고 나면 폰던을 씌울 준비가 다 된 것이다.

초콜릿 가나슈 사용하기

초콜릿 가나슈는 실온에서 버터크림보다 훨씬 단단함이 유지하기 때문에 원형이나 사각 케이크 외에도 3D 디자인의 케이크를 만들 때 없어서는 안 될 중요한 재료이다. 주로 다크 초콜릿으로 만든 가나슈가 가장 많이 사용되고, 때때로 화이트 초콜릿 가나슈를 사용하기도 한다. 화이트 초콜릿은 다크 초콜렛에 비해 굉장히 소프트하기 때문에 여름철에 사용하기에는 적합하지 않다.

초콜릿 가나슈 레시피

다크초콜릿 버튼 200g | 생크림 200g

1 생크림과 초콜릿을 유리 볼에 넣고 전자레인지에서 20초나 10초씩 돌리며 초콜릿을 녹이거나 유리 볼을 더운물에 올려 중탕으로 녹인다.

2 초콜릿과 생크림이 완전히 섞여서 실크처럼 윤기가 날 때까지 주걱으로 잘 젓는다.
3 식은 후 알맞은 농도가 되면 사용한다.
4 사용하고 남은 가나슈는 냉장 보관한다.

1 케이크가 움직이지 않도록 약간의 가나슈를 밑판에 바르고 케이크를 올린다. 케이크의 중간에 바르는 가나슈는 약간 두께감이 있도록 발라야 케이크와 함께 맛있게 먹을 수 있다.

2 나머지 케이크를 위에 올리고 손으로 지그시 눌러 움직이지 않도록 고정한다.

3 가나슈를 케이크 전체에 두껍게 바른다. 팔레트 나이프가 케이크에 닿으면 부스러기가 나이프에 묻거나 케이크 표면이 딸려 올라올 수 있으니 가나슈를 듬뿍 바르고 양옆으로 밀며 바른다.

4 케이크 스크레이퍼로 두껍게 바른 가나슈를 거둬 낸다. 너무 박박 긁지 말고 적당히 거둬 낸다. 냉장고에 15~ 20분 정도 넣고 2번째 코팅할 준비한다.

5 케이크를 냉장고에 넣고 기다리는 동안 가나슈가 굳으면 전자레인지에 넣어 10초씩 돌

려가면서 알맞은 농도로 맞춘다. 케이크를 냉장고에서 꺼내 처음과 같은 방식으로 가나슈를 듬뿍 케이크 전체에 바르고 케이크 스크레이퍼로 거둬 낸다. 케이크 전체를 반듯하고 알맞은 두께의 가나슈로 발랐다면 폰던으로 씌울 준비가 된 것이다. 가나슈가 마르기 전 폰던을 씌우면 잘 달라붙지만 가나슈가 건조된 후에 폰던을 씌우면 붓으로 물(끓여서 식힌 물)을 가나슈에 바르고 폰던을 씌운다.

케이크 스펀지 만들기

슈거케이크를 만들 때 사용할 수 있는 스펀지 케이크는 부드럽지만 폰던의 무게를 견딜 만큼 단단하고 여러 가지 모양으로 다듬을 때 부스러기가 많이 떨어지지 않아야 한다.
복잡한 모양으로 잘라야 할 때는 냉장고에 하룻밤 정도 두면 단단해져 쉽게 만들 수 있다.

버터크림이나 초콜릿 가나슈로 아이싱을 하기 전에 시트에 시럽을 뿌리면 부드럽고 촉촉하게 먹을 수 있다.
달걀이 베이스가 되는 가벼운 타입의 스펀지 케이크는 슈거케이크에는 적합하지 않다.

바닐라 스펀지 케이크

재료

(15cm 원형 케이크 3개 분량) 버터와 달걀은 실온

버터 200g

설탕 180g

달걀(중) 3

박력분 또는 중력분 300g

베이킹파우더 2 tsp

요거트나 우유 1/4 ~ 1/3컵

바닐라 엑스트렉 1~2 tsp

– 오븐 예열 온도 160도 –

초콜릿 스펀지 케이크

재료

(15cm 원형 케이크 3개 분량) 버터와 달걀은 실온

버터 200g

설탕 180g

달걀(중) 3

박력분 또는 중력분 250g

코코아 파우더 50g

베이킹파우더 2 tsp

요거트나 우유 1/4 ~ 1/3컵

– 오븐 예열 온도 160도 –

1 케이크 틀에 버터를 바르고 기름종이를 깐 후 밀가루를 조금 넣고 흔들어 틀의 가장자리에 골고루 묻히고, 남은 밀가루는 턴다. 이렇게 전처리를 하면 구워진 케이크를 틀에서 쉽게 빼낼 수 있다. 오븐을 160도로 예열한다.

2 재료를 다 계량하고 밀가루와 베이킹파우더를 함께 체로 내린다.

3 믹서에 비터를 장착하고 버터를 넣고 돌려 잘 풀어지면 설탕을 한꺼번에 넣고 잘 섞는다.

버터가 실온일 때는 30초 정도만 돌려도 잘 섞인다.

4 잘 풀은 달걀을 두 번에 나누어 버터에 넣는다. 달걀이 차가우면 버터가 몽글몽글하게 분리될 수도 있으니 꼭 실온의 달걀을 사용하고 만약 분리되었다면 계량한 밀가루에서 한 큰술을 넣는다. 달걀이 매끈하게 잘 섞이도록 돌린다

5 베이킹파우더와 함께 체로 내린 밀가루를 한꺼번에 넣고 계량한 요거트나 우유를 반 정도만 먼저 넣고 섞는다. 밀가루에 따라 필요한 양이 다르기 때문에 반 정도만 먼저 넣고 농도를 확인한 후에 나머지를 더 넣을지 결정한다.

6 반죽의 농도는 부드럽지만 주르륵 흐르지 않아야 한다. 주걱으로 떨어뜨려 보았을 때 툭 하고 떨어질 정도의 농도가 좋다.

7 160도 또는 170도 팬 오븐에서 20~25분 정도 굽는다. 오븐에 따라 굽는 온도가 다를 수 있으니 오븐 설명서를 확인한다.

8 케이크가 완전히 식으면 하나씩 랩에 싸거나 플라스틱 박스에 7시간 정도 넣는다. 이렇게 두었다 사용해야 훨씬 부드럽고 다듬기도 쉽다. 냉동할 경우 하나씩 종이 포일에 싸고 다시 비닐봉지에 넣어 냉동한 후에 3개월 이내에 사용한다.

폰던으로 케이크 커버 하는법

① 테이블에 슈거파우더를 뿌리고 폰던을 민다. 한 방향으로만 밀지 말고 골고루 여러 방향으로 민다. 밀대 중간 부분에만 힘을 주면 골고루 밀리지 않으니 밀대의 양 끝부분을 잡고 폰던의 두께가 일정하도록 민다.

② 계속 밀면 바닥에 붙기 때문에 밀면서 한 번 씩 손바닥을 반죽 아래로 넣어 옆으로 돌린다. 폰던은 케이크의 양쪽 옆면의 높이와 윗면의 지름을 합한 크기가 될 때까지 민다. 두께는 6~7mm 정도가 적당하다.

③ 알맞은 크기로 민 폰던을 밀대에 걸쳐 케이크가 정중앙에 오도록 위치를 잡고 케이크의 앞쪽부터 덮듯이 커버한다.

④ 손바닥으로 케이크의 윗부분을 살살 누르며 붙이고 옆면도 위에서 아래로 쓸어내리면서 붙여야 안에 있던 공기가 아래로 빠져 케이크에 공기 포켓이 생기지 않는다. 늘어진 주름을 양옆으로 펼치면서 정리한다. 손가락 자국이 생기지 않도록 손바닥을 사용한다.

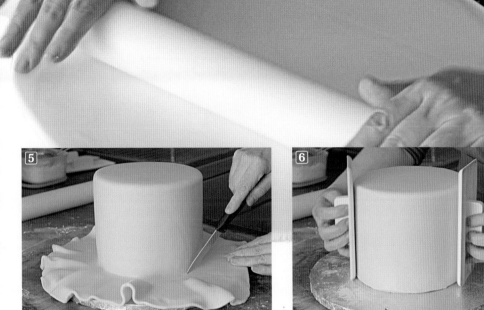

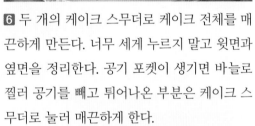

5 작은 칼로 남은 반죽을 자른다. 케이크에 너무 바싹대고 자르면 폰던이 당겨 올라갈 수 있으니 주의한다.

6 두 개의 케이크 스무더로 케이크 전체를 매끈하게 만든다. 너무 세게 누르지 말고 윗면과 옆면을 정리한다. 공기 포켓이 생기면 바늘로 찔러 공기를 빼고 튀어나온 부분은 케이크 스무더로 눌러 매끈하게 한다.

7 8 사각형의 케이크를 씌울 때도 원형 케이크와 마찬가지로 주름을 펴 가며 붙이면 되는데, 주름을 펴야 하는 타이밍을 놓치거나 폰던이 얇아 당기다가 찢어질 것 같으면 스무더 두 개로 주름의 양옆을 눌러 깨끗하게 자른다.

케이크 밑판 폰던으로 커버하는 법

케이크 밑판은 케이크 디자인의 한 파트라고 볼 수 있다. 케이크의 디자인에 어울리는 패턴이나 장식을 넣으면 케이크의 완성도를 한층 올릴 수 있다. 케이크판 전체를 먼저 씌워서 잘

말린 후에 사용하는 경우도 있고 케이크를 밑판에 올린 후에 그 가장자리만을 씌우는 경우도 있다.

밑판 전체 씌우기

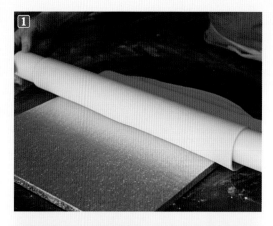

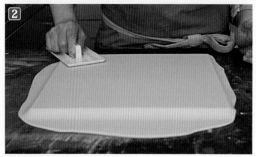

1 먼저 밑판에 물이나 쇼트닝을 바른다. 폰던을 3mm 두께로 밀고 밀대로 들어 올려 밑판을 덮는다.

2 케이크 스무더로 매끈하게 잘 붙도록 밑판 전체를 다림질하듯이 골고루 누른다.

3 옆에 남은 부분은 한 손으로 케이크 밑판을 들고 작은 칼을 위에서 아래쪽으로 당기듯이 폰던을 자른다.

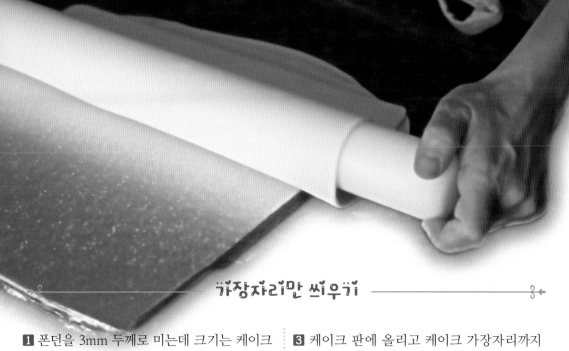

가장자리만 씌우기

1 폰던을 3mm 두께로 미는데 크기는 케이크 밑판보다 커야 한다. 케이크가 판에 놓여진 자리에 대충 케이크의 모양과 크기대로 자른다.

2 잘라낸 부분을 들어내고 판에 붙일 수 있도록 적당한 크기로 자른다. 조각을 들어올리면 모양이 망가질 수 있으니 케이크가 올려진 판을 가까이 가져온다.

3 케이크 판에 올리고 케이크 가장자리까지 꼼꼼하게 잘 붙인다. 케이크 스무더로 바깥에서 안쪽으로 밀듯이 케이크에 붙인다.

4 나머지 부분도 붙이고 케이크를 회전판에 올리고 가장자리를 깔끔하게 다듬는다.

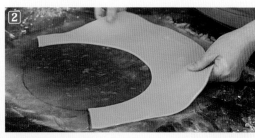

케이크 밑판 폰던으로 커버하는 법

인형 케이크 준비하는 법

인형을 케이크에 꽂아서 드레스처럼 만드는 케이크는 어느 나라에서나 어린 소녀들이 갖고 싶은 생일 케이크 중 단연 상위를 차지한다. 스커트 모양의 케이크 틀이 있으면 편리하지만, 틀이 없어도 여러 개의 시트를 겹쳐서 원하는 모양대로 다듬을 수 있다.

---

1 준비한 시트의 윗부분을 평평하게 자르고 중앙을 지름 3.5cm 둥근 커터로 잘라 인형이 들어갈 자리를 만든다. 맨 위에 올리는 시트는 인형의 엉덩이 부분에 맞춰 타원형으로 자른다.

2 버터크림이나 초콜릿 가나슈를 바르며 시트를 올린다. 케이크를 스커트 모양으로 다듬을 것이기에 크림을 시트 가장자리까지 꼼꼼하게 발라 줄 필요는 없다.

3 스커트 모양에 따라 아래쪽 시트의 크기를 다르게 할 수 있다. 여기서는 아래부터 지름 20cm 두 개, 18cm 한 개, 15cm 세 개의 시트를 사용한다.

4 스커트의 디자인에 따라 다양한 모양의 케이크 시트를 사용한다. 한복 케이크를 만들 때 사용한 케이크인데, 맨 윗단은 지름 15cm 원형 반구 틀을 사용하고 나머지도 같은 크기의 시트를 사용한다.

5 인형을 케이크에 꽂으면 스커트 모양을 잡기가 수월하다. 톱니 칼로 조금씩 자르며 모양을 만든다. 한쪽만 계속 자르기보다 케이크를 돌리며 앞뒤의 발란스가 맞도록 다듬는다. 실수로 한쪽을 너무 많이 잘랐다면 케이크 부스러기를 버터크림이나 가나슈와 섞어 움푹 파인 부분을 채운다.

6 완벽한 모양의 스커트가 아니어도 가나슈를 두 번 코팅해 매끄럽게 만들 수 있다. 단, 버터크림을 사용할 때는 케이크의 표면이 더 잘 드러나기에 매끈한 표면을 만들고 싶다면 좀 더 신경 써서 다듬어야 한다.

라이스 크리스피 만들기

라이스 크리스피는 쌀에 맥아 추출물과 약간의 당을 넣어 뜨거운 온도에서 팝콘처럼 부풀어 오르게 만든 시리얼이다. 한국에서 구하기 쉽지 않은 재료이기에 쉽게 구할 수 있는 쌀튀밥을 사용할 수 있다. 어떤 케이크 디자인은

케이크의 무게 때문에 케이크를 사용하기 보다 무게가 덜 나가는 라이스 시리얼을 사용한다. 테디베어 인형 케이크에서 머리와 팔, 다리를 시리얼로 만들어 무게를 줄인 것은 좋은 예이다.

1 쌀튀밥 180g을 준비한다.

2 마시멜로 300g, 버터 45g을 전자렌지에 들어갈 수 있는 큰 용기에 넣는다. 한국에서 판매하는 마시멜로를 사용한다면 물 40g을 마시멜로 위에 골고루 뿌린다. 전자레인지에 20초씩 돌리고 저어 가며 완전히 녹을 때까지 돌린다.

3 전자레인지가 없다면 마시멜로를 잘게 잘라 큰 팬에 버터와 물을 함께 넣고 약한 불에서 저어 가며 녹인다.

4 완전히 녹은 마시멜로는 매우 뜨거우니 데지 않도록 조심한다.

5 준비한 쌀튀밥을 마시멜로에 다 넣고 주걱으로 잘 섞는다.

6 마시멜로가 달라붙지 않도록 테이블이나 매트에 버터를 바르고, 손에도 버터를 바른다. 라이스가 섞이면 그리 뜨겁지 않으니 원하는 모양으로 만든다. 마시멜로가 식으면 모양을 만들기 쉽지 않다. 그럴 때는 전자레인지에 살짝 돌리면 다시 부드러워진다.

라이스 크리스피 만들기

여러 종류의 반죽 레시피

'폰던트(fondant)'라고 불리는 설탕 반죽은 슈거 크래프트의 본고장인 영국에서는 '슈거패이스트(Sugarpaste)'라고 부른다. 이 책에서는 짧게 '폰던'이라 표기했다. 이 폰던을 만드는 방법으로 널리 알려진 레시피에는 달걀흰자와 젤라틴이 들어가는데 아무래도 맛과 질감이 판매되는 것과 차이가 있어 슈거케이크는

맛이 없다고 알려진 것 같다. 여기서 소개하는 레시피는 필자가 오랫동안 시행착오를 거치면서 만들었는데 맛이나 질감이 영국에서 시판되고 있는 폰던과 비교해도 전혀 품질이 떨어지지 않는다. 이 책에 실린 모든 케이크는 이 반죽으로 만든 것이다. 본인이 좋아하는 플레이버를 넣어 맛있게 만들어 보자.

데보라의 폰던 레시피

슈거 파우더 1kg

검 파우더(제과용 CMC) 1/2 작은술

물 60g

물엿 100g

제과용 유화제 15g

식용 글리세린 15g

쇼트닝이나 노란색이 강하지 않은
버터 20g

원하는 플레이버 투명한 색으로
1/2 작은술

1 슈거 파우더와 검 파우더(CMC)를 함께 섞어 체를 사용해 내린다.

2 플레이버를 제외한 재료를 계량한다.

3 작은 냄비에 계량한 재료를 넣고 약불에 모든 재료가 녹을 때까지 잘 젓는다. 재료가 다

녹으면 중불로 올려 10초 정도 끓인다. 너무 오래 끓이면 물의 양이 줄어들 수 있으니 잠깐만 끓인다.

4 준비한 플레이버를 첨가한다. 여기서는 윌튼 제품 투명 바닐라 플레이버를 넣었다.

5 체로 내린 슈거 파우더에 끓인 액체를 붓는다. 식히지 말고 바로 붓고 주걱으로 잘 젓는다.

6 7 주걱으로 어느 정도 섞다가 손으로 뭉친다. 설탕과 섞으면 많이 뜨겁지 않다.

8 볼에서 꺼내 테이블에서 잘 뭉친다. 빵 반죽처럼 치대지 말고 한덩이가 되도록 반죽한다. 반죽을 랩으로 잘 감싸고 다시 두꺼운 지

퍼백에 넣어 보관한다. 바로 만든 반죽은 따뜻하고 부드럽기에 완전히 식은 후 사용한다 (1~2시간). 사용하기 전 손으로 반죽을 부드럽게 만든다. 이때 반죽이 너무 건조하면 약간의 물을 첨가하고(끓여서 식힌 물), 반죽이 질다면 체로 내린 슈거 파우더를 넣으면서 알맞은 농도를 맞춘다.

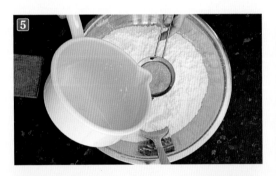

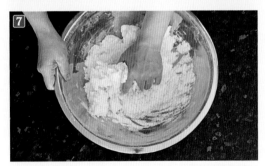

보관 방법: 겨울에는 실온에서 2주 정도, 여름에는 냉장고에서 2주 정도 보관이 가능하다. 사용하고 남은 폰던은 냉동하는 것이 좋다. 냉동할 때는 냄새가 배지 않도록 박스에 넣어 보관하고, 다음에 사용하기 편하도록 냉동한 날짜를 표시한다. 냉동한 폰던은 3개월 이내에 사용한다.

모델링 반죽 레시피

폰던 250g

검 파우더(제과용 CMC) 1/2 tsp

부드럽고 끈기가 부족한 폰던에 검 파우더를 넣어 좀 더 단단한 질감으로 만든 것이 모델링 반죽이다. 케이크 위에 올리는 토퍼(Topper)를 만들거나 주름 장식 등 이 책에 나온 거의 대부분의 케이크 장식에 사용한다.

폰던에 CMC를 넣고 섞이도록 반죽한다. 폰던의 농도나 사용하는 CMC의 강도에 따라 첨가하는 CMC의 양이 달라진다. 반죽을 비닐 팩에 넣고 다시 플라스틱 통에 넣는다. 두 시간 쯤 후에 사용하는데 시간이 지날수록 반죽이 단단해지기에 24시간이 지난 반죽은 처음 만들었을 때보다 훨씬 단단하고 건조하게 느껴질 수 있다.

보관 방법: 보관은 폰던과 비슷하며, 자주 사용하지 않으면 소분해서 냉동하는 것이 좋다. 시간이 좀 지난 후에 반죽이 지나치게 딱딱하고 건조한 느낌이 든다면 폰던을 조금씩 섞으면서 원하는 질감을 만든다.

검 반죽 레시피

검 반죽은 침대 프레임을 만들거나 가구처럼 단단하게 모양을 유지해야 하는 장식을 만드는 데 사용한다. 검 반죽은 여러 개의 다른 레시피가 있는데 여기서는 가장 간단하게 만들 수 있는 레시피를 소개한다

| 슈거 파우더 300g | 물엿 15g + 따뜻한 물 90g |
| 검 파우더(제과용 CMC) 12g | 쇼트닝 약간 |

볼에 슈거 파우더와 검 파우더를 섞어 체로 내린다. 물과 물엿을 섞어 슈거 파우더에 넣고 뭉치도록 반죽한다. 질게 느껴지면 슈거 파우더를 조금 더 넣는다. 대충 뭉쳐지면 손과 테이블에 쇼트닝을 바르고 볼에서 꺼내 부드럽게 되도록 반죽한다. 반죽이 손에 묻지 않고 매끈하게 되면 반죽 전체에 쇼트닝을 얇게 바르고 랩으로 싼 뒤에 지퍼백에 넣어 24시간 동안 실온에 두었다가 사용한다. 더운 여름에는 냉장고에 넣고 바로 사용하지 않으면 소분해서 냉동하는 것이 좋다. 냉장고의 냄새가 배지 않도록 잘 포장하고 냉동한 날짜를 꼭 표기한다,

검 글루 레시피

슈거케이크는 일반적인 장식은 물로 붙일 수 있지만 무게가 나가는 것이나 좀더 단단하게 굳어야 하는 것에는 검 글루를 사용하는 것이 좋다. 만드는 방법도 간단하고, 특히 꽃을 만들 때 쓰면 편리하다.

작은 유리병이나 플라스틱 통에 50㎖ 정도의 물(끓여서 식힌 물)을 넣고 검 파우더(제과용 CMC)를 1/4tsp 넣는다. 스푼으로 대충 젓다 보면 파우더가 물에 섞이지 않고 위에 떠 있을 것이다. 그대로 냉장고에 넣고 다음 날 보면 투명한 젤리처럼 되니 다시 한번 스푼으로 저어서 바로 사용하면 된다. 농도가 너무 걸쭉하다면 끓여서 식힌 물을 첨가하여 쓰기 좋은 농도로 맞춘다. 냉장고에 보관하고 10일 이내로 사용한다.

로열아이싱 레시피 1

슈거 파우더 500g

머랭 파우더 15g

물 80g +투명 플레이버(옵션) 1/2 tsp

로열아이싱 레시피 2

슈거 파우더 500g

달걀흰자 2개

투명 플레이버 (옵션) 1/2 tsp

플레이버는 기름이 들어가지 않은 제품을 사용해야 한다. 기름이 조금이라도 들어 있는 제품을 사용하면 아이싱은 제대로 만들어지지 않는다.

1 슈거 파우더와 머랭 파우더를 함께 체로 내려 비터를 장착한 믹서에 넣고 천천히 돌리며 물을 넣는다. 달걀흰자를 사용할 경우엔 물을 빼고 슈거 파우더에 흰자를 넣으면 된다. 설탕이 전부 액체와 섞이고 나면 속도를 약간 올려 5분 정도 충분히 섞는다.

2 공기가 적당히 들어간 반죽은 하얗고 찰지게 되는데 완성된 아이싱은 되직하고 단단한 뿔이 생기는 것이 좋다. 부드럽게 휘어지는 뿔이 생긴 정도라면 슈거 파우더를 조금 더 넣고 1분 정도 더 섞는다. 유리나 플라스틱 용기에 담고 표면이 공기에 닿지 않도록 랩을 눌러 씌운 후에 뚜껑을 닫는다.

보관 방법: 머랭 파우더로 만든 아이싱은 냉장고에서 10일 정도, 흰자로 만든 아이싱은 냉장고에서 3~4일 정도 보관할 수 있다. 시간이 지나면 아이싱 아래쪽에 물이 생기는 것을 볼 수 있는데 상한 것이 아니고 분리된 것이니 다시 한번 잘 섞어서 사용한다.

꼬르네 만드는 법

꼬르네는 유산지, 종이 포일 또는 식품용 OPP 비닐로 직접 만들어 사용할 수 있는 짤주머니를 말한다. 주로 로열아이싱이나 초콜릿을 넣어 케이크나 쿠키를 장식할 때 사용한다. 반죽 이 흘러나오는 구멍의 크기를 원하는데로 잘라 사용할 수 있기에 글씨나 그림을 그리는데 많이 쓰이고 때로는 깍지를 끼워 사용한다.

① 종이 포일을 접어 삼각형으로 자른다. 여기서 만드는 방법을 보여 주기 위해 크게 만들었지만, 보통은 이것 보다 반정도 더 작게 만들어 사용한다. 핑크 프린세스 케이크 만들 때 크게 만들어 사용한다.

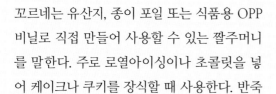

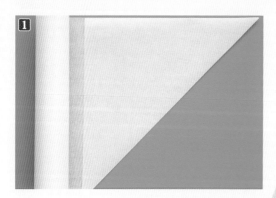

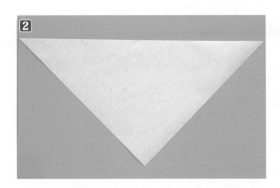

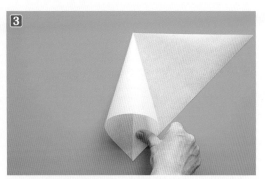

2 길이가 가장 긴 쪽을 위로 한다.

3 왼쪽 꼭지 부분을 오른손으로 잡고 안쪽으로 돌려 아래 꼭짓점에 가져다 놓아 원뿔을 만든다.

4 왼손으로 오른쪽 꼭짓점을 가져다 돌려 원뿔의 뒤쪽으로 돌아 아래 꼭짓점으로 가져 간다.

5 두 손으로 잡고 원뿔의 뾰족한 부분에 구 멍이 생기지 않도록 조절한다.

6 손으로 잡고 있는 아랫부분을 세 번 접어 완성한다. 비닐로 만들 때 원뿔이 풀리지 않 도록 뒤쪽 겹친 부분을 스카치 테이프로 고정 한다.

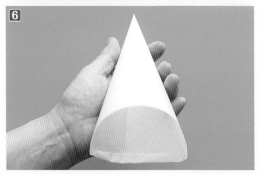

꼬르네 만드는 법

장식용 소품 만들기

호박 만들기

1 오렌지색 폰던이나 모델링 반죽을 둥글게 빚는다. 그린 반죽을 콩알 크기로 빚었다가 한쪽을 길게 늘여 주고 다른 한쪽의 끝을 평평하게 눌러 호박 꼭지를 만든다.

2 볼 툴로 호박의 윗부분을 눌러 움푹 들어가게 만든다.

3 슈거 툴이나 자를 이용해 호박의 라인을 만든다. 5~6개를 만든다.

4 호박 꼭지를 물로 붙인다.

테이블 만들기

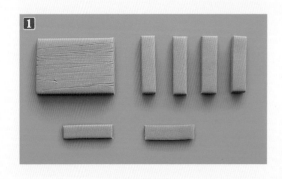

1 모델링 반죽을 1cm 두께로 민다. 테이블 상판은 6×4cm 직사각형으로 자르고, 테이블의 다리 4개는 두께 1cm, 높이 4cm로 자른다. 반죽을 3mm 두께로 밀어 다리 사이에 끼울 부분을 2개 자른다. 테이블 상판에 칼등으로 금을 그어 나뭇결을 만든다. 1~2시간 말린다.

2 테이블 상판을 뒤집고 검 글루를 바른 후 바른곳이 끈적해지도록 2~3분쯤 기다린다. 자른 부분을 붙인다. 그대로 스펀지 위에 올려 하루정도 말린다. 자꾸 움직이면 조각이 떨어질 수 있으니 그대로 두고 말린다.

3 완전히 마르면 박스에 넣어서 보관한다. 덥고 습한 여름철에는 습기 때문에 모양을 지탱하지 못하기에 꼭 박스에 넣어 보관한다.

벤치형 의자 만들기

1 모델링 반죽을 1cm 두께로 민다. 의자 앉은 부분은 7×4cm 직사각형으로 자르고, 의자의 다리 4개는 두께 1cm, 높이 4cm로 자른다. 앉는 부분에 칼등으로 금을 그어 나뭇결을 만든다. 의자의 등받이는 폭 1cm, 길이 7cm의 긴 조각으로 세 개 자른다. 반죽을 3mm 두께로 밀어 등받이를 연결할 조각을 2개 자른다. 1~2시간 말린다.

2 의자 앉는 부분을 뒤집어 검 글루로 다리를 붙인다. 등받이 조각도 뒤집어 놓고 연결 조각을 붙인다. 그대로 1~2시간 말린다.

3 의자에 등받이를 검 글루로 붙인다. 하루 정도 충분히 말리고 완전히 건조 후에는 사용할 때까지 박스에 넣어 보관한다.

4 케이크에 소품으로 유용하게 사용할 수 있다.

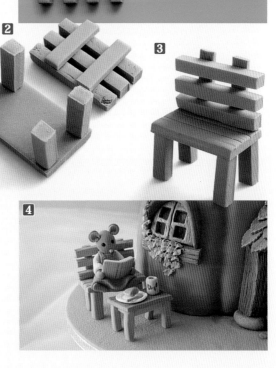

케이크에 페인팅 & 더스팅 하기

식용색소의 발달로 인해 근래의 케이크 디자인은 화가가 물감을 가지고 캔버스에 그림을 그리듯 케이크에 정교한 그림을 그릴 수 있다. 또한, 분말 색소를 붓에 묻혀 바르는(더스팅, Dusting) 것으로 나무, 돌 등을 실감나게 표현하는 등 다양한 효과도 낼 수 있다. 특히 폰던으로 덮은 케이크는 버터크림이나 생크림케이크로 만들 수 없는 디자인과 표현이 가능하다.

페인팅하기

1 폰던에 페인팅을 할 때는 폰던을 씌우고 몇시간쯤 지난 후 표면이 살짝 말랐을 때 하는 것이 좋다. 폰던이 부드러우면 붓을 움직이다 밀리는 경우도 있고 표면이 녹아 찢어지는 경우도 있으니 주의해야 한다. 사진은 나무 마루를 표현하기 위해서 케이크 판을 폰던으로 씌우고 칼로 나뭇결 무늬를 만든 후에 짙은 브라운 젤 색소를 약간의 물과 섞어 칠하고 있다. 칼자국이 있는 곳마다 집중적으로 발라야 나뭇결이 살아난다.

2 페인팅을 할 때는 여러 가지 두께와 크기의 붓을 골고루 사용하는데, 케이크나 케이크 판 전체를 칠할 때는 두꺼운 붓뿐만 아니라 스펀지를 사용하기도 한다. 또 어떤 경우엔 물을 사용하지 않고 코코아 버터를 녹여 색소와 섞어 케이크에 그림을 그린다. 기름에 섞어 바르기 때문에 폰던 표면이 녹거나 끈적이지 않는 것이 특징이다.

3 조각 이불의 무늬를 표현하기 위해 꽃무늬와 물결무늬는 색소에 물을 섞어 그리고, 실버 줄무늬는 실버 분말을 보드카에 녹여 그린다.

케이크의 디자인과 상황에 따라 다양한 방법을 사용해 의외의 효과를 얻을 수 있다.

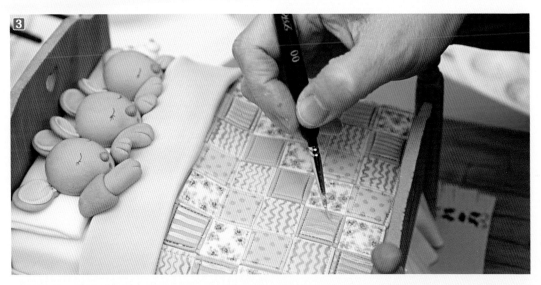

4 화려한 바로크 장식을 케이크에 사용할 때 금색 장식을 빼놓을 수가 없다. 이 두 사진을 비교하면 금색에 따라 완성도의 차이가 확실하게 드러난다. 금색 식용 분말을 보드카나 레몬 익스트랙과 같이 알코올 농도가 높은 액체와 섞어 붓으로 바른 것이다. 주의해야 할 점은 파우더와 액체의 비율인데, 파우더의 양이 많으면 가루가 날려 깨끗하게 발라지지 않고, 농도가 너무 묽으면 표면에 금색이 잘 발라지지 않는다. 또한, 장식 전체를 완전히 금색으로 커버하기보다는 튀어나온 부분에 가볍게 칠하는 정도가 보기 좋다.

⇒ 유튜브 영상 참조

케이크에 페인팅 & 더스팅 하기

1 폰던에 스텐실을 할 수도 있는데, 알코올에 섞어 칠할 수도 있지만, 여기서는 금색 파우더가 잘 달라붙도록 폰던 표면에 쇼트닝을 얇게 바르고 붓으로 더스팅을 했다. 쇼트닝 때문에 폰던이 빨리 마르지 않고 금빛 광채도 더 잘 난다.

2 나무로 만든 것 같은 가구 **2** 를 만들 때 진한 브라운 분말 색소로 더스팅 하면 정말 나무 같은 느낌이 난다. 두껍고 털이 풍성한 붓에 색소를 묻히고 종이에 대충 털어낸 후 자른 조각의 가장자리부터 안쪽으로 바른다.

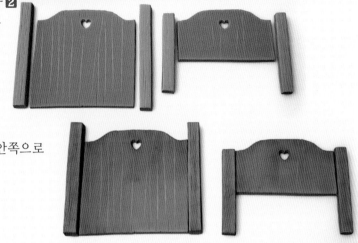

3 집의 벽과 현관문, 돌계단, 창문은 브라운과 블랙 색소로 그림자를 넣듯 더스팅 하면 나뭇결이나 돌의 표면이 잘 드러나고 올드한 느낌이 난다. 돌과 돌 사이 연결된 부분을 집중적으로 칠하고 나무문 같은 경우엔 벽과 닿는 부분과 문 중간을 가로지르는 나무의 연결 부분 등에 더 진하게 칠한다. 화이트 색소를 약간의 물과 섞어 여기저기 바르면 좀 더 입체감이 생긴다.

실리콘 몰드 사용법

슈거케이크 제작에 사용되는 실리콘 몰드는 정밀한 세부 장식을 구현하기 위한 전문적인 도구로, 케이크 디자인의 완성도를 높이는 데 핵심적인 역할을 한다. 몰드는 고품질 식품 등급 실리콘으로 제작되며, 유연하면서도 내구성이 강한 특성을 가지고 있어 다양한 재료의 형태를 섬세하게 재현할 수 있다. 폰던(Fondant), 설탕 반죽, 초콜릿, 이소말트, 젤라틴 등 다양한 재료에 적합하며, 몰드 표면이 비점착성이어서 재료를 쉽게 꺼낼 수 있다.

실리콘 몰드는 섬세한 디테일 구현을 위해 정밀한 금형 공정을 통해 제작되며, 꽃잎, 레이스, 동물, 문자, 기하학적 무늬 등 복잡한 장식을 손쉽게 표현할 수 있다. 몰드는 −40℃에서 230℃까지 견디는 온도 내성을 가지고 있어 오븐, 냉동고, 전자레인지에서 모두 사용할 수 있으며, 이러한 다용도성은 다양한 작업 환경에서 높은 활용도를 제공한다.

위생적이고 세척이 용이하며, 재사용이 가능해 장기적으로 효율적인 작업이 가능하다. 또한, 몰드의 사용법은 간단하지만, 결과물은 전문가 수준의 세부 장식을 가능하게 하므로 초보자와 전문가 모두에게 적합하다. 몰드를 사용할 때는 작업의 세부성을 극대화하기 위해 재료를 적절히 조정하거나, 몰드 표면에 코코아 버터나 옥수수 전분을 얇게 바르면 보다 매끄럽게 제거할 수 있다.

1 여러 종류의 실리콘 몰드를 이용해서 쉽게 케이크를 장식할 수 있다. 실리콘 몰드는 사용 후 특별히 비눗물로 씻을 필요는 없지만 폰던이 사이사이에 끼어 있지 않도록 붓으로 잘 턴다.

2 실리콘 몰드에는 보통 폰던보다 모델링 반죽을 사용해야 쉽게 모양을 내고 또 몰드에서 빼기 수월하다. 먼저 붓으로 녹말가루를 몰드 안쪽에 골고루 바른 후에 몰드를 뒤집어 남은 가루를 털어 낸다.

3 적당한 양의 반죽을 몰드의 한쪽부터 넣기 시작해서 다른 쪽까지 채운다. 채우고 남는 반죽은 손으로 끊는다. 몰드의 모양대로 반죽이 잘 채워지도록 손가락으로 누른다.

4 몰드를 뒤집어 반죽을 바닥에 떨어뜨린 것처럼 분리한다.

슈거 크래프트 도구

슈거 크래프트는 이름처럼 설탕으로 만드는 아트이기 때문에 도구의 종류가 상당히 광범위하다. 하지만 여기서는 필자가 주로 사용하는 아주 기본적인 도구만을 소개한다. 거의 대부분은 영국에서 구매한 것이지만, 국내에서도 쉽게 비슷한 제품을 구매할수 있다.

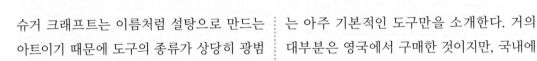

케이크 준비하기 도구

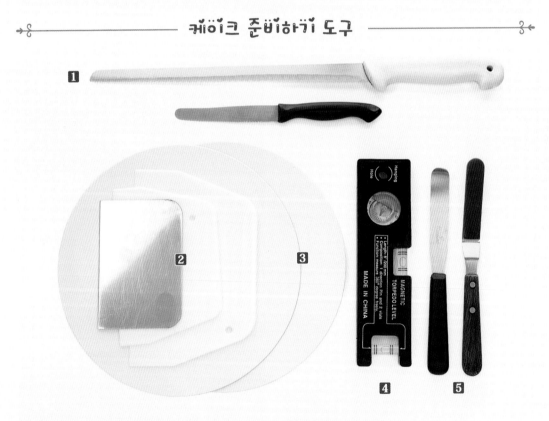

1 케이크를 자르거나 다듬는 데 필요한 톱니 칼

2 버터크림 등을 케이크에 바르고 정리하는데 필요한 스크레이퍼. (플라스틱 또는 메탈 제품)

3 케이크 판: 두께와 크기가 다양

4 수평기: 케이크의 기울기를 확인하는 도구

5 케이크에 버터크림 등을 바르는 도구

케이크의 모든 것 - 기초부터 완벽한 마스터 클래스

케이크 폰던으로 씌울 때 필요한 도구

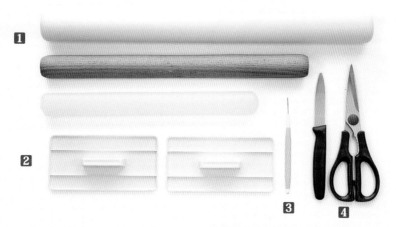

1 실리콘이나 나무 밀대

2 케이크 스무더: 폰던으로 씌운 뒤에 표면을 매 끈하게 정리하는 도구

3 바늘 툴: 폰던으로 씌운 뒤에 폰던 안쪽의 공 기를 뺄 때 사용하는 도구(바늘 사용 가능)

4 칼이나 가위 : 폰던을 자를 때 사용

케이크 장식용 기본 도구

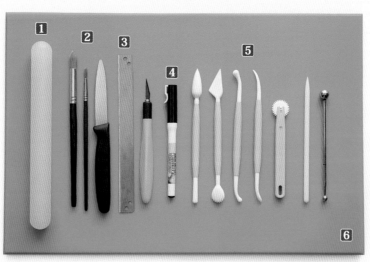

1 작은 논스틱 밀대

2 다양한 크기의 붓

3 칼날의 두께가 얇은 칼과 클레이용 일자 블레 이드, 소형 아트 나이프

4 식용 펜

5 슈거 크래프트 기본 툴

6 논스틱 보드: 작업용 보드로 생산이 중단된 제품 (커팅 매트를 사용)

1 파스타 머신: 반죽을 아주 얇게 밀어야 할 때 사용하면 편하다. 주로 프릴을 만들 때 사용한다.

2 여러 종류의 실리콘 몰드

3 반죽을 자르거나 무늬를 엠보싱 할 때 사용하는 도구들

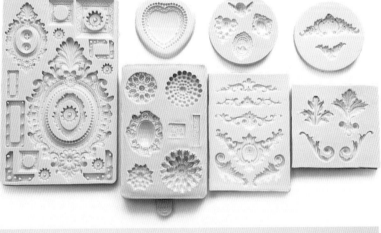

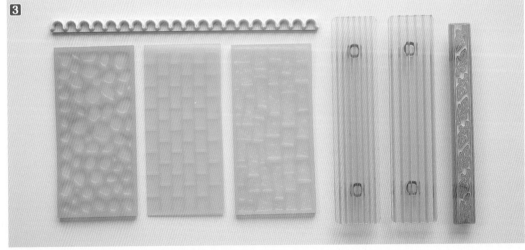

4 여러 종류의 커터

5 커터로 반죽을 자르기도 하지만 무늬를 만들
때 사용하기도 한다.

6 스텐실

7 비닐 짤주머니와 깍지들

8 엠보싱 해서 무늬를 만드는 텍스처 시트

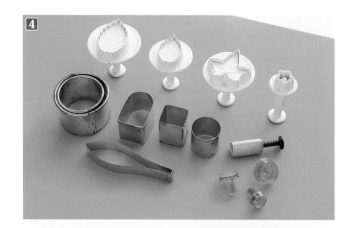

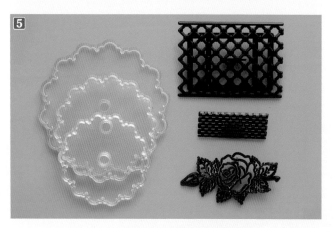

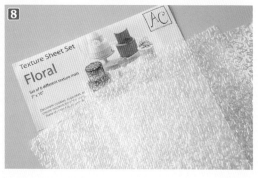

식용 색소

식용 색소는 크게 두 가지로 구분할 수 있는데, 액상과 분말 형태로 나눈다. 액상으로 나오는 제품도 젤 타입과 더 묽은 형태의 리퀴드 타입이 있는데, 슈거 케이크에 가장 많이 쓰이는 것은 수분이 적은 젤 타입의 색소이고, 로열아이싱에는 젤 색소보다는 리퀴드 타입의 색소를 많이 사용하는 편이다. 하지만 페인팅을 하는 경우엔 두 가지 중 어느 것을 사용해도 좋다. 필자는 영국에서 구매가 쉬운 색소들을 사용했는데, 국내에는 월튼이나 마스터 셰프 제품이 많이 사용되고 있다.

식용 색소는 수채화 물감을 사용하는 것처럼 물과 섞어서 사용한다. 짙은 색을 원할 때는 물과 섞지 않고 사용하기도 하지만 보통은 물과 섞어서 사용한다. 포스터 컬러나 아크릴 컬러처럼 불투명하지 않고 수채화 느낌이 나는 물감이다. 폰던에 젤 색소를 많이 쓰는 이유는 수분이 많이 들어 있지 않아 반죽의 농도를 크게 변화시키지 않고 조금만 사용해도 짙은 색을 낼 수 있기 때문이다.

식용 분말 색소의 종류는 정말 다양하고 많은데 슈거로 꽃을 만들때 많이 쓰인다. 식용 분말을 처음 사용하는 것이라면 기본적인 색 몇 개만 구매해서 사용해도 충분하다. 레드, 옐로, 블루, 브라운 정도만 있으면 웬만한 색은 직접 만들어 쓸 수 있다. 그밖에도 골드나 실버, 펄 등이 많이 사용되는 분말 색소의 일종이다.

환상적인 동화의 세계로 떠나는
마법의 슈거케이크

- 동화 속 캐릭터와 환상적인 테마의
베이비 샤워 및 공주님 케이크 등 -

귀여운 테디베어와
토끼 베이비 샤워 케이크

What You Need

- 18cm(2호) 높이 10cm 스펀지
- 폰던 1.5kg
- 식용 색소: 옐로, 브라운, 핑크, 블루
- 24cm(4호) 케이크 판
- 논스틱 보드
- 논스틱 밀대
- 작은 칼
- 스티칭 툴

케이크 준비하기

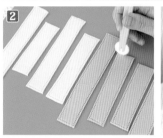

1 스펀지에 버터크림이나 초콜릿 가나슈를 이용해 정리하고 흰색 폰던으로 씌운다.

케이크 판도 옐로 폰던으로 씌운다.

2 옐로와 브라운 모델링 반죽으로 2.5cm 두께의 긴 조각을 다른 길이로 만들고 가장자리를 스티치 툴로 박음질 선을 만든다.

3 케이크 가장자리에 물을 바르고 긴 색상 조각을 번갈아 붙인다.

케이크 장식 준비하기

토끼 만들기

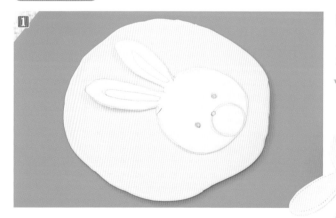

1 핑크색 모델링 반죽을 얇게 밀어 토끼 종이 본을 대고 자른다. 제도용 작은 칼을 이용해 쉽게 자를 수 있다.

가장자리에 스티치 툴로 박음선을 만들고 흰색 모델링 반죽으로 입을 붙인다.

2 3 짙은 핑크색 모델링 반죽으로 귀 안쪽 부분과 코를 만들어 붙인다. 붓의 아래쪽 둥근 부분을 이용해 눈이 있어야 할 자리를 표시하고 블랙 폰던을 작은 볼 모양으로 만들어 붙인다. 모양이 잘 지탱되도록 스펀지 위에 올리고 10분 정도 말린다.

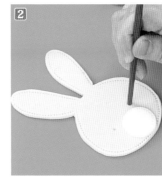

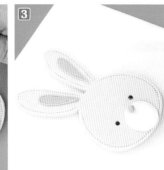

4 3×12cm 크기의 진핑크 모델링 반죽으로 두 개의 양쪽 날개를 가진 리본을 만든다. 4cm 정사각형을 잘라 리본 가운데 매듭을 만든다.

5 토끼의 손을 만들고 모양이 지탱하도록 스펀지 위에 10분 정도 말린다.

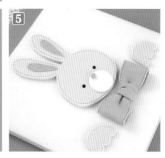

테디베어 만들기

1 테디베어도 토끼와 동일한 방법으로 만든다.

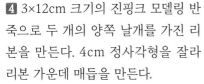

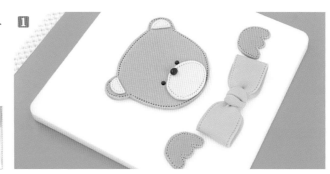

숫자 만들기

1 핑크색 모델링 반죽에 쿠키 커터나 종이 본으로 숫자 2를 자른다. 얇게 밀어 놓은 브라운 모델링 반죽 위에 물을 살짝 발라 숫자 2를 붙이고 칼로 숫자의 크기보다 2~3mm 정도 더 크게 자른다.

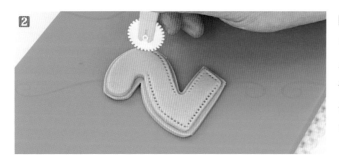

2 스티치 툴로 박음선을 만들고 모양이 잘 유지되도록 스펀지 위에서 살짝 말린다. 블루 컬러 숫자도 만든다.

케이크 장식하기

1 물이나 검 글루를 이용해 토끼의 얼굴, 손과 리본을 케이크에 붙인다. 리본을 먼저 붙이고 손은 리본의 양쪽에 붙인다. 물은 너무 많이 바르지 않아야 붙였을 때 옆으로 새지 않는다.

2 테디베어도 토끼의 반대편에 붙인다.

3 핑크와 블루 숫자 2는 토끼와 테디베어 사이사이에 붙인다.

4 옐로 모델링 반죽으로 지름 12cm 원형을 잘라 케이크 위에 물을 바르지 않고 올리고 중앙에 자리를 잡은 후 가장자리를 들고 물을 조금씩 발라 고정한다. 브라운 모델링 반죽으로 폭 1cm 정도의 길고 가느다란 조각으로 잘라 박음선을 만들고 옐로 장식 가장자리에 물로 붙인다. 원형 장식의 가장자리를 스티치 툴로 박음선을 만든다.

귀여운 테디베어와 토끼 베이비 샤워 케이크

5 미리 만들어 놓은 신발을 위에 장식한다.

신발 만들기

1 브라운 모델링 반죽을 4~5mm 두께로 밀고 신발 밑창을 두 개 자른다.

보드를 돌려가며 편안한 자세로 자른다

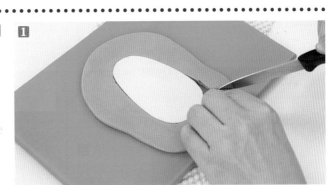

2 아래쪽 반죽까지 잘 마를 수 있도록 스펀지 위에 놓는다.

3 4g 정도의 반죽을 밑창 앞부분에 붙이면 신발의 윗부분을 더 예쁘게 만들 수 있다.

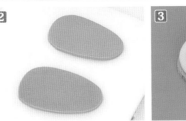

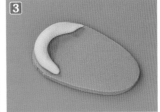

4 블루 모델링 반죽을 신발 밑창보다 살짝 얇게 밀고 신발 윗부분을 자른다.

5 가장자리에 박음선을 만들고 뒤집어 아랫부분에 빙 둘러 붓으로 물을 꼼꼼히 바른다.

6 신발의 앞부리 부분부터 밑창을 감싸듯이 붙인다.

7 옐로 모델링 반죽으로 지름 5mm 정도의 긴 원기둥을 만들어 신발의 윗부분에 붙인다. 스펀지 위에 올려서 잘 말린다. 마르지 않은 신발 위에 장식을 붙이면 신발 모양이 변형되거나 내려앉을 수 있으니 적어도 3시간 이상 말린다.

8 9 테디베어와 토끼의 얼굴을 본을 이용해 만들어 신발을 장식한다. 신발은 케이크보다 2~3일 정도 미리 만들어 두면 건조되어 사용하기 편하다.

신발 만들기

What You Need

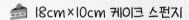

- 18cm×10cm 케이크 스펀지
- 1.5kg 폰던
- 27cm 사각 케이크판
- 식용 색소: 핑크, 옐로, 블루
- 식용 펄 파우더
- 스티치 툴
- 슈거 크래프트 기본 툴
- 지름 10cm 원형 커터
- 붓

케이크 준비하기

케이크 준비하기

1 케이크 스펀지를 초콜릿 가나슈로 샌드위치 한다.

2 케이크 전체를 가나슈로 코팅한다.

3 흰색 폰던을 5mm 두께로 밀어 케이크를 씌운 후 케이크 판도 블루 폰던으로 씌운다.

케이크 장식하기

케이크 장식하기

1 옐로 모델링 반죽을 3mm 두께로 밀고 지름 10cm의 원형 커터로 찍는다.

2 펄 파우더를 붓으로 발라 주고 스티치 툴로 박음선을 만든다.

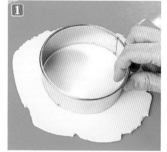

3 **4** 핑크 모델링 반죽을 얇게 밀어 폭 1cm의 긴 조각을 몇 개 자른다. 펄 파우더를 붓으로 바르고 스티치 툴로 박음선을 만든다.

5 준비한 옐로 원형 가장자리에 핑크 조각의 양 끝이 각각 위아래에서 만나도록 자리를 잡고 남는 부분은 자른다.

6 케이크 윗면에 물을 바르고 장식을 붙인다. 핑크 조각의 이음새 부분에 박음선을 만든다.

7 옐로와 핑크 모델링 반죽으로 폭이 약 3cm 정도, 길이는 케이크의 약 1/4 정도인 조각으로 자른다. 색깔별로 두 개씩 만든다.

8 펄 파우더를 골고루 바른다.

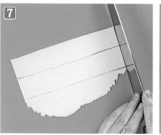
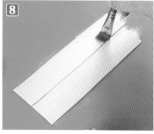

9 스티치 툴로 사방에 박음선을 만든다.

10 핑크 반죽을 두 개씩 양 끝에 올리고 붓 꽁지로 눌러 구멍을 만든다.

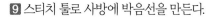

11 핑크와 옐로 조각을 번갈아 가며 케이크에 붙인다.

12 핑크와 옐로 반죽을 밀어 사각형을 지그재그 모양으로 자른다. 똑같은 모양보다는 다른 두께로 자르고 펄 파우더도 바른다.

13 가장자리에 박음선을 만든다.

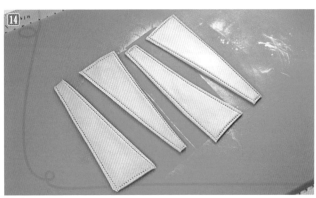

14 길이는 크게 걱정할 필요가 없다. 케이크에 대고 필요한 만큼만 잘라 사용할 것이다.

파이팅!

15 조각을 물 없이 케이크에 걸치고 필요한 부분에 칼로 표시해 자른 후 다시 물을 발라 케이크에 붙인다.

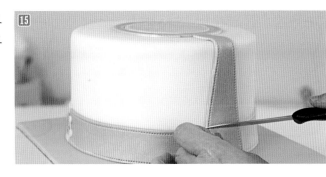

16 17 칼라와 크기를 번갈아 붙인다. 스티치 툴로 마감한다.

18 화이트 모델링 반죽을 가늘게 잘라 양쪽 구멍에 끼운다.

리본 만들기

1 옐로 모델링 반죽을 2mm 두께로 밀고 본을 대고 자른다. 스티치 툴로 박음선을 만들고 펄 파우더를 바른다.

2 핑크 반죽으로 똑같이 하나를 만든다.

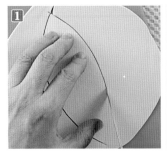

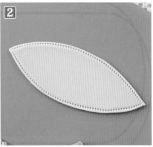

3 조각을 반으로 접고 중간을 한 번 접는다. 반죽이 떨어지지 않도록 꼭 누른다.

나를 믿어!

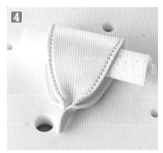 

4 5 키친타월을 돌돌 말아 끼우고 약 10분 동안 말린다.

6 리본 매듭을 만든다. 핑크 반죽을 사각으로 자르고 주름을 잡 는다.

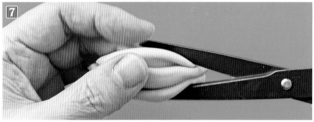

7 양 끝을 손으로 눌러서 붙이고 가 위로 자른다.

8 9 반쯤 마른 리본을 케이크에 물로 붙이고 리본 매듭을 구부려 리본 꼭지를 감싸듯이 붙인다.

토끼 만들기

1 아이보리색 모델링 반죽 20g으로 반죽해 토끼의 몸통을 만든다.

2 슈거 툴로 중간에 라인을 만든다.

3 머리를 연결할 이쑤시개를 몸통에 꽂는다.

4 5g 반죽을 두 개로 나누어 원형을 빚고 몸통의 양옆에 붙인다.

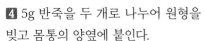

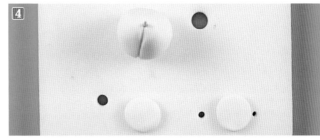

5 5g 반죽으로 빚어서 토끼의 발을 만든다.

6 아이보리 반죽의 중간에 핑크 반죽을 붙이고 앞부분을 슈거 툴로 누른다.

78 발을 몸통에 붙인다.

9 10g 반죽으로 머리를 만든다.

10 머리 중간에 라인을 만들고 주둥이를 붙인다. 붓 꽁지로 눌러 눈이 들어갈 자리를 표시한다.

11 눈과 코를 만들어 붙인다.

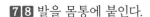

⑫ 5g 반죽을 물방울 모양으로 빚고 핑크 반죽을 작게 만들어 위에 올린 후 슈거 툴로 누른다.

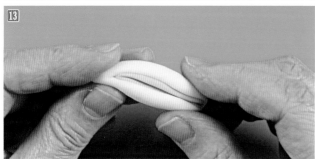

⑬ 손으로 오므려 귀 모양을 만든다.

☆ 스르륵~

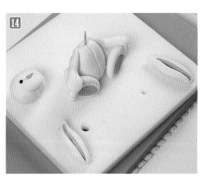

⑭⑮ 6g으로 팔 두 개를 만들어 붙인다.

⑯ 토끼의 머리를 몸통과 연결하고 양옆에 귀를 붙인다.

왕관 케이크

What You Need

- 24cm×7cm 정사각 케이크 스펀지
- 15cm×12cm 원형 케이크 스펀지
- 버터크림 또는 초콜릿 가나슈
- 폰던 2.5kg
- 식용 색소: 핑크, 브라운, 레드, 블루, 퍼플, 그린
- 식용 골드 파우더
- 보드카나 레몬 익스트랙
- 30cm 사각 케이크 판
- 15cm 원형 케이크 판
- 로열아이싱
- 이소말트(Isomelt)
- 실리콘 보석 몰드
- 지름 3cm 스티로폼 볼
- 논스틱 보드 & 밀대
- 슈거 크래프트용 기본 도구들
- 작은 칼, 붓

케이크 준비하기

쿠션 케이크

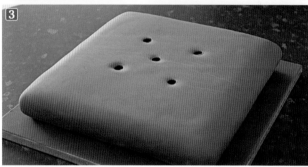

1 케이크의 가장자리 각진 곳을 쿠션 모양으로 다듬는다. 한쪽이 끝나면 뒤집어 동일한 방법으로 가장자리를 다듬어 쿠션 모양으로 만든다.

2 버터크림이나 초콜릿 가나슈를 케이크에 바른다.

3 폰던에 핑크와 약간의 브라운을 섞으면 더스키 핑크를 만들 수 있다. 케이크를 더스키 핑크 폰던으로 씌우고 케이크 판도 보라색 폰던으로 씌운다. 위에 올릴 왕관 케이크의 무게를 지탱할 지지대를 꽂는다.

⇒ 케이크 준비하는 법 참조

왕관 케이크

1 15cm 원형 케이크 판에 버터크림이나 가나슈를 바르고 케이크를 올린다. 버터크림이나 가나슈를 케이크 사이사이에 발라 샌드위치하고 톱니칼로 가장자리를 다듬어 위쪽이 불룩한 왕관 모양을 만든다.

2 케이크의 윗부분에 칼집을 내어 왕관을 덮은 패브릭의 주름의 패인 홈을 다양한 크기로 만든다. 너무 가늘게 자르면 폰던을 씌웠을 때 잘 표시가 나지 않으니 두껍게 홈을 만든다.

3 버터크림이나 가나슈로 케이크 전체뿐만 아니라 칼집 사이사이도 꼼꼼히 바른다.

4 보라색 폰던으로 케이크 판까지 가려지게 전체를 씌운다. 슈거 크래프트 도구나 손가락으로 꾹꾹 눌러 주름을 표현한다.

5 약간의 로열아이싱이나 버터크림을 왕관을 올릴 자리에 바르고 왕관을 쿠션 케이크 중앙에 올린다.

미리 만들어 준비해 놓아야 할 것들

이소말트 보석 사탕 만들기

1 1. 이소말트 가루를 강화유리 용기에 넣고 전자레인지에 녹인다.

(뜨거우니 장갑 착용)

2. 녹은 액체에 색소를 넣고 잘 젓는다. 금방 굳기에 빨리 움직인다.

3. 실리콘 보석 몰드에 액체를 부어 굳힌다. (10~15분)

4. 몰드에서 꺼낸 보석 사탕 표면을 약간의 식용유로 코팅하고 유리나 플라스틱 용기에 보관한다.

* 식용유를 바르는 이유는 사탕의 표면이 공기 중에 노출되어 끈적해지는 것을 방지하기 위함.

2 몰드에 붓고 남은 것은 실리콘 매트에 조금씩 떨어뜨려 작고 둥근 보석 사탕을 만든다. 굳어지면 식용유를 발라 보관한다.

3 4 또 다른 실리콘 보석 몰드를 이용해 보라색과 진한 블루의 모델링 반죽으로 작은 보석들을 만든다.

⇒ 유튜브 영상 참조

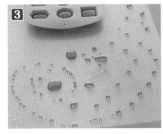
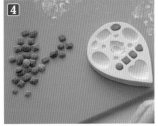

왕관 윗 부분 장식(Arch)

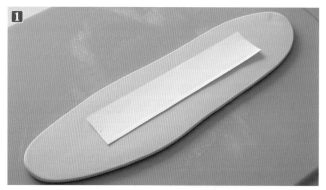

1 연한 브라운의 모델링 반죽을 7~8mm 두께로 밀어 종이 본을 대고 자른다.

2 책에 제공된 그림을 A4 용지에 인쇄하고 반죽이 달라붙지 않도록 투명한 비닐을 덮은 후 잘라낸 조각을 라인을 따라 세워서 완전히 말린다. 2~3일 정도 말리면 더욱 안전하게 사용할 수 있다.

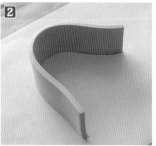 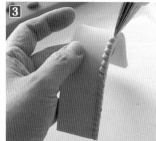

3 잘 마른 조각을 로열아이싱으로 장식한다. 짤팁(N02)을 사용해 가장자리를 먼저 장식한다.

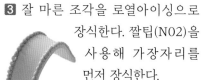

4 가장자리 로열아이싱이 굳은 후에 가운데 부분도 장식한다. 브라운으로 장식해 황금을 표현하고 흰색의 로열아이싱을 둥글게 짜서 진주를 표현한다.

⇒ 유튜브 영상 참조

5 미리 만들어 둔 보석 사탕을 로열아이싱으로 붙인다.

6 로열아이싱이 완전히 굳어진 후 식용 금색 파우더를 보드카나 레몬 익스트랙과 섞어 붓으로 조각의 앞뒤에 바른다.

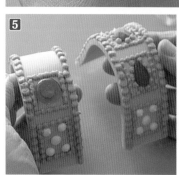 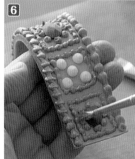

왕관 윗부분의 둥근 장식(Monde)

1 브라운 모델링 반죽으로 스티로 폼 볼을 감싼다.

⇒ 유튜브 영상 참조

> 물을 바르지 않아도 잘씌워지는데 잘 달라붙지 않는다면 볼에 약간의 물을 바른다.

2 3 반죽으로 씌운 볼 한쪽에 이쑤시개를 꽂는다. 3mm 두께의 브라운 모델링 반죽으로 폭 5mm 긴 조각을 만들어 볼에 붙인다. 로열아이싱과 작은 보석으로 장식하고 완전히 말린 후에 식용 금색 파우더를 바른다.

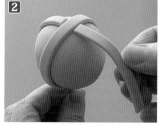
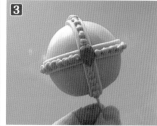

4 볼 위에 꽂을 크로스 장식을 본을 대고 잘라 작은 이소말트 사탕으로 장식하고 잘 말려 식용 금색 파우더를 바른다.

왕관 케이크 장식하기

1 종이로 왕관 테두리의 본을 만든다. 브라운 모델링 반죽을 5mm 두께로 길게 밀어 본을 대고 자른다.

> 둥근 부분은 비슷한 크기의 커터를 사용해 쉽게 자를 수 있다.

2

2 케이크에 물을 바르고 테두리를
붙인다.

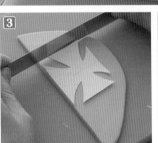

3

4

3 4 테두리 윗부분에 붙여줄 십자가
와 백합꽃 장식도 4개씩 본을 대고
칼로 자른다.

모양이 잡히도록 5분쯤 말린다.

5

6

5 물이나 검 글루로 테두리에 붙인다.
6 미리 만들어 놓은 보석들을 로열
아이싱으로 붙인다.

커다란 보석 사탕은 무게 때문에 떨
어질 수 있으니 로열아이싱으로 붙
인 후에 손가락으로 가볍게 잠시 동
안 눌러 주거나 사탕 아래쪽에 스펀
지나 티슈를 받친다.

7

7 브라운 로열아이싱으로 백합꽃과
십자가, 보석의 가장자리를 장식한다.

8 로열아이싱이 완전히 마른 후에
식용 금색 파우더를 골고루 바른다.

왕관 윗부분 조립하기

1 2 브라운 모델링 반죽으로 4cm
정사각형을 잘라 왕관 윗부분에 붙인
다. 단단하게 굳어진 장식을 로열아이
싱으로 왕관에 붙인다.

3 중앙에 잘 말려 놓은 둥근 장식을
꽂고 그 위로 십자가 장식을 꽂는다.

쿠션 장식하기

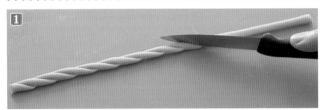

1 브라운 모델링 반죽을 쿠션의 길이만큼 가는 원통으로 만들고 칼등으로 자국을 내어 꼬여진 끈처럼 만든다.

2 물이나 검 글루로 쿠션에 붙인다.

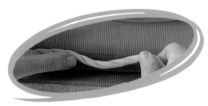

34 브라운 모델링 반죽을 얇게 밀어서 한 쪽을 칼로 잘게 자른 후에 돌돌 말아 쿠션 네 코너에 매달 술 장식을 만든다.

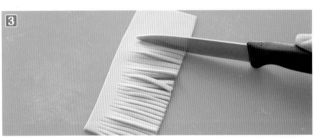

돌돌!!!

5 술의 머리 부분도 모양대로 만들어 칼등으로 눌러 금을 긋고 이음새를 덮을 조각도 만든다.

6 쿠션의 네 코너에 술 장식을 물이나 검 글루로 붙인다.

7 흰색 폰던을 길쭉하게 밀어 왕관의 아랫부분을 돌아가며 감싸고 이쑤시개로 콕콕 찍어 모피 같은 질감을 표현한다.

와! 찢었다

What You Need

- 🍰 20cm(L)×10cm(W)×13.5cm(H) 케이크 스펀지(화장대)

- 🍰 6cm(W)×8cm(H) 원형 케이크 스펀지(화장대 의자)

- 🍰 2kg 폰던

- 🍰 30cm 원형 케이크판

- 🍰 로열아이싱 & 로열아이싱 장미

- 🍰 더스키 핑크, 그린 식용 컬러 & 골드와 펄 식용 파우더

- 🍰 보드카 또는 레몬 익스트랙

- 🍰 폼보드 & 타원형 스티로폼 공 모형(지름 3cm)

- 🍰 컬러 색지

- 🍰 길이 12cm 케이크팝 스틱

- 🍰 바로크 사진 실리콘 몰드 & 단추 실리콘 몰드

- 🍰 슈거 크래프트 기본 툴

- 🍰 짤팁 (플레인 1.5번, PME 스타팁 50번,
  미니 잎파리 짤팁)

- 🍰 3.5cm와 2cm 둥근 커터

- 🍰 PME 퀼팅 엠보서

- 🍰 꽃무늬 텍스처 시트

미리 만들어 준비할 것들

테이블 램프 만들기

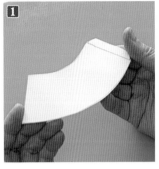 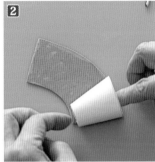

1 본을 이용해 두꺼운 도화지로 램프의 갓을 만든다. 둥글게 말아 끝부분은 테이프로 붙인다.

2 짙은 더스키 핑크 모델링 반죽을 얇게(2mm) 밀고 본보다 살짝 크게 자른다. 물을 바른 후 램프 갓에 붙인다.

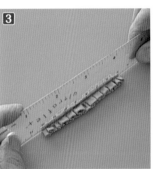 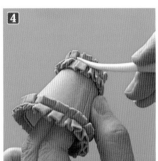

3 짙은 모델링 반죽을 얇게 밀어 프릴을 만든다.

⇒ 프릴 만들기 참조

자로 중간을 누른다.

4 물이나 검 글루로 램프 갓에 붙이고 자로 눌린 부분을 슈거 툴로 살짝 눌러 프릴이 잘 부착될 뿐만 아니라 모양이 잘 살아나게 만든다.

5 식용 금색 파우더로 램프갓에 무늬를 그리고 프릴의 끝부분에도 칠한다.

 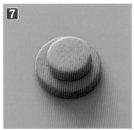

6 짙은 핑크 모델링 반죽을 6mm 두께로 밀고 지름 3.5cm, 2cm의 원형 커터로 하나씩 찍어 낸다.

7 작은 조각을 큰 조각 위에 물로 붙여 램프의 아랫부분을 만든다.

8 연한색 핑크 모델링 반죽 30g으로 작은 달걀 모형을 빚는다.

9 길이 12cm 케이크팝 스틱에 꽂아 주고 반죽의 끝부분을 깔끔하게 다듬는다.

9 슈거 툴로 6개의 라인을 그린다. 힘을 주고 눌러 깊은 라인을 만든다. 스틱을 램프 바닥에 꽂는다.

10 11 연한 핑크 모델링 반죽으로 로프를 만들어 램프 바닥을 감싸고 칼등으로 눌러 로프가 꼬인 것같이 표현한다. 약간의 반죽을 길죽하게 만들어 램프 몸통의 윗부분 스틱을 감싼다.

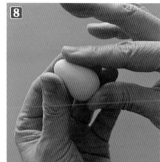
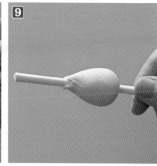
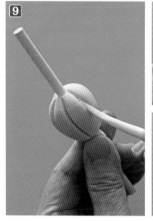
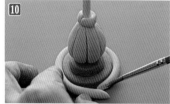

12 작은 달걀 모형의 스티로폼을 스틱에 꽂는다. 짙은 핑크색 로열아이싱으로 램프를 장식한다. (1.5 짤팁)

13 로열아이싱이 마를 때까지 1~2시간 기다린 후에 금색 식용 파우더를 보드카나 레몬 익스트랙과 섞어 붓으로 로열아이싱 장식에 바른다.

14 램프 갓을 스티로폼에 눌러 꼭 맞도록 씌운다.

테이블 램프 만들기

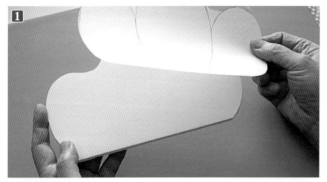

1 2 폼보드를 거울 본대로 자른다. 거울이 접혀지는 부분들에 칼집을 내어 폼보드가 꺾어지게 만든다.

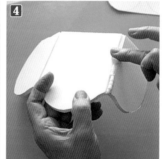

3 꺾어진 모양을 지탱할 수 있도록 로열아이싱을 짜 넣는다.

4 갈라진 틈을 채우고 남은 아이싱은 손가락으로 거둬 낸다.

밤새 완전히 말린다.

5 로열아이싱이 완전히 마른 후 은색 도화지를 거울 모양으로 잘라 풀로 붙이고 뒤쪽에는 원하는 컬러의 색지를 풀로 붙인다.

6 사진 프레임 실리콘 몰드를 이용해 거울을 장식한다.

⇒ 실리콘 몰드 사용하는 법 참조

7 거울 전체를 짙은 핑크 로열아이싱으로 파이핑 해 장식한다.
(스타팁 50번)

8 아이싱이 완전히 마르면 식용 금색 파우더를 보드카나 레몬 익스트랙과 섞어 붓으로 거울 전체를 장식한다.

스크린 만들기

1 스크린 본으로 폼보드를 자르고 거울을 만든 것과 동일한 방법으로 양쪽이 접히도록 만든다. 스크린 뒤쪽 전체에 색지를 붙이고 앞쪽은 짙은 핑크 폰던으로 씌운다.

2 짙은 핑크 모델링 반죽을 사진 프레임 실리콘 몰드에 넣어 스크린을 장식할 사진 프레임을 3개 만든다. 스크린 중앙에 프레임 전체를 사용하지만 스크린 양옆은 프레임의 안쪽 부분만 사용한다.

3 사진 프레임을 물로 스크린에 붙인다.

1. 환상적인 동화의 세계로 떠나는 마법의 슈거케이크

Sugar Cake Master Class

083

미리 만들어 준비할 것들

4 짙은 핑크 모델링 반죽을 5mm 두께로 밀고 퀼팅 엠보서로 무늬를 만든 후 약 9cm 폭으로 잘라 스크린 아랫부분에 붙인다.

스크린 뒤쪽에도 붙인다.

5 로열아이싱 장미로 스크린을 장식한다. 그린 로열아이싱으로 이파리들을 짜 주면서 장미를 붙인다.

6 거울을 장식하고 남은 로열아이싱으로 프레임의 가장자리에 파이핑한다.

아주 NICE 나이스

7 스크린 윗부분과 뒤에도 로열아이싱으로 파이핑 한다.

8 로열아이싱이 완전히 마른 후에 금색 식용 파우더를 보드카나 레몬 익스트랙과 섞어 붓으로 바른다.

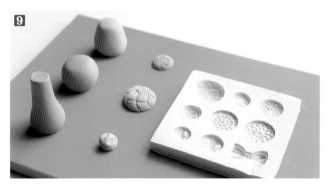

9 15g의 모델링 반죽으로 화장품 한 개를 만든다. 세 가지 모양의 보틀을 만들고 단추 실리콘 몰드를 이용해 뚜껑을 만든다. 브라운 컬러 반죽은 전부 금색으로 칠한다.

⇒ 실리콘 몰드 사용법 참조

케이크 준비하기

화장대

1 케이크 스펀지를 케이크 판에 올려 초콜릿 가나슈로 샌드위치한다. 본을 대고 가장자리를 둥글게 다듬는다.

2 초콜릿 가나슈를 케이크 전체에 바른다. ⇒ 케이크 준비하기 참조

3 폰던을 5mm 두께로 밀어 케이크를 씌운다. 케이크 판도 짙은 핑크 폰던으로 씌운다.

⇒ 케이크판 씌우기 참조

화장대 의자

1 지름 6cm 원형 커터로 케이크 스펀지를 2개 잘라 초콜릿 가나슈로 샌드위치한다. 종이 포일을 케이크와 같은 크기로 잘라 케이크 밑에 깐다. 높이가 약 8cm 정도면 된다.

2 전체를 가나슈로 바른다.

3 폰던을 5mm 두께로 밀어 케이크의 옆면만 씌운다.

케이크 장식하기

화장대

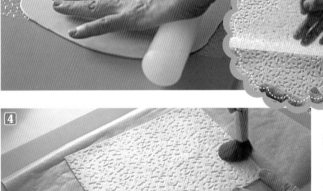

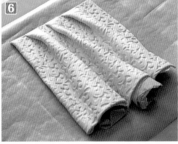

1 핑크 폰던을 5mm 두께로 밀고 화장대 본대로 자른다.

2 케이크 윗부분에 물을 바르고 자른 조각을 붙인다.

3 옆에 붙여 줄 스커트를 만든다. 핑크 모델링 반죽을 3mm 두께 지름 약 20cm 크기로 민다. 꽃무늬 텍스처 시트 위에 전분가루를 붓으로 바르고 뒤집어 턴다. 그래야 반죽이 시트에서 잘 떨어진다. 밀은 반죽을 올리고 밀대로 아래에서 위로 천천히 밀어올려 반죽에 무늬를 찍는다.

4 텍스처 시트를 떼고 직사각형으로 자른다. 높이는 약 14cm 이상 폭은 17~25cm가 되어야 주름을 잡을 수 있다. 전체를 펄 파우더로 더스팅해 실크 패브릭 느낌을 표현한다.

5 종이 포일이나 기름종이로 꼬르네 (짤주머니)를 여러 개 만든다.

⇒ 꼬르네 만드는 방법 참조

6 화장대 스커트 윗부분에 프릴을 만드는 것처럼 주름을 잡고, 주름 아래에 꼬르네를 끼운다. 약 3~4분 정도 모양이 잡히도록 기다린다.

7 케이크에 물을 바르고 스커트를 붙인다. 위에 남는 부분은 칼로 자른다.

8 케이크 전체를 돌아가며 스커트를 붙인다. 스커트의 윗부분 1/3만 케이크에 붙이고 나머지 부분은 케이크에서 좀 떨어뜨려 스커트가 풍성하게 퍼지도록 만든다.

9 10 11 짙은 핑크 모델링 반죽을 2mm 두께로 밀고 길이 10cm, 폭이 14cm 조각을 자른다. 붓이나 케이크 팝 스틱 등을 이용해 주름을 잡는다. 양 끝을 오므려 **11**과 같은 모양의 밸런스를 만든다.

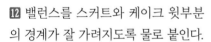

모두 6개를 만든다.

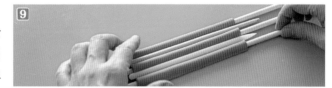
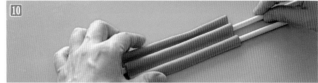

12 밸런스를 스커트와 케이크 윗부분의 경계가 잘 가려지도록 물로 붙인다.

13 앞뒤에 두 개, 양옆에 한 개씩 붙여야 하니 밸런스의 길이가 길다면 붙이면서 조절한다.

14 밸런스 사이사이에 리본을 만들어 붙이고 리본의 중앙에 단추 실리콘 몰드로 제작한 버튼을 붙인다.

⇒ 리본 만들기 참조

1 화장대 스커트를 만드는 방법과 동일하게 만들어 의자에 붙인다.

2 3 짙은 핑크 모델링 반죽을 1cm 두께로 밀고 지름 6cm의 원형 커터로 찍은 후에 퀼팅 엠보서로 무늬를 만든다.

4 조각을 의자 위에 붙이고 의자의 가장자리를 모델링 반죽 조각으로 두른 후 리본과 버튼을 붙인다.

케이크 조립하기

1 화장대 의자를 케이크 판에 올린다. 리본 쪽이 잘 보이도록 자리를 잡는다.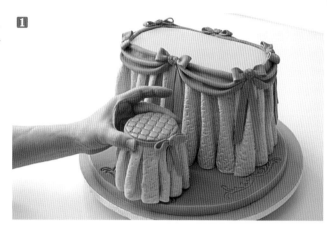

2 화장대에 미리 만들어 놓은 거울을 올린다.
화장품을 올리고 램프도 올린다. 램프 갓의 이음새가 뒤쪽으로 가도록 자리를 잡는다.

> 거울을 케이크에 부착하고 싶다면 로열아이싱으로 붙인다.

3 만들어 놓은 스크린을 화장대 뒤에 세운다.

> 파티 장소까지 케이크를 이동해야 한다면 장식품을 따로 담아 운반한 후 조립은 파티 장소에서 하는 것이 안전하다.

내가 해냈어

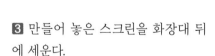

핑크 공주님 성 케이크

What You Need

🍰 15cm×13cm 바닐라 케이크

🍰 21cm×13cm 초콜릿 케이크

🍰 2kg 폰던

🍰 15cm & 30cm 원형 케이크 판

🍰 식용 색소 : 핑크, 블루, 블랙, 브라운, 그린
　　로열아이싱 & 로열아이싱 장미

🍰 포장지 종이심 & 두꺼운 도화지

🍰 미니 벽돌 패치워크 커터

🍰 FMM 벽돌 임프레션 매트 &
　　돌멩이 임프레션 매트

🍰 버블티 빨대

🍰 슈거 크래프트 기본 도구

🍰 이쑤시개

케이크·케이크 판 준비하기

1 지름 21cm 초콜릿 케이크 시트를 지름 30cm 케이크 판에 올리고 버터크림으로 샌드위치해 높이 13cm로 만든다. **케이크 전체를 버터크림으로 바른다.**

2 지름 15cm 바닐라 케이크 시트는 케이크와 같은 크기의(15cm) 케이크 판에 올리고 버터크림으로 샌드위치해 높이 13cm로 만든다. 케이크 전체를 버터크림으로 바른다. **케이크 판이 보이지 않아야 한다.**

3 핑크 폰던을 약 7mm 두께로 밀고 지름 15cm의 케이크 판을 이용해 원을 자른다. 조각을 케이크 윗면에 붙인다. 폰던이 너무 부드러워 옮기다가 모양이 틀어질 것 같다면 자른 조각을 10분쯤 그대로 두었다가 붙인다.

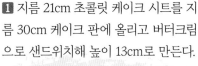

4 케이크의 가장자리에 붙일 폰던의 두께를 일정하게 만들기 위해 실리콘 각봉을 사용해 반죽을 민다. 반죽의 폭이 케이크의 높이만큼 돼야 한다.

케이크 가장자리를 한 번에 커버하지 않고 4장으로 나누어 해야 붙이기 수월하다.

5 벽돌 무늬를 찍는다. **세로로 찍지 않도록 주의한다.**

6 줄자로 케이크의 높이를 재고 반죽을 정확한 크기로 자른다. 반죽은 손바닥 위에 올려 케이크에 붙인다.

7 마지막 남은 공간도 자로 재어 필요한 만큼만 잘라 붙인다. 반죽이 너무 부드러우면 모양이 일그러져 붙여 놓아도 깔끔하지 않으니 서두르지 말고 반죽을 잘라 잠시 기다렸다 붙인다.

8 2단 이상 되는 케이크 디자인을 만들 때는 케이크를 폰던으로 커버하고, 7시간 정도 후에 작업을 진행하는 것이 안전하다. 폰던이 어느 정도 단단해지고 케이크의 모양도 안정되기 때문이다. 아랫단이 될 지름 21cm 케이크에 지지대 역할을 하는 버블티 빨대를 꽂는다.

9 케이크 판을 그린 폰던으로 덮는다. 위에 올리는 케이크가 움직이지 않고 고정되도록 로열아이싱을 케이크 위에 짜 준다.

10 준비해 놓은 케이크 윗단을 올리고 중앙에 위치할 수 있도록 자리를 잡는다.

타워 만들기

1 타워는 선물 포장지 종이심을 잘라 사용하거나 두꺼운 도화지로 원하는 두께의 타워를 만든다. 타워를 사탕이나 초콜릿으로 또는 작은 장난감 등으로 채우면 생일파티에 참석한 아이들에게 깜짝 선물로 사용할 수 있다.

> 준비물에 표시된 크기대로 6개의 타워를 자른다.

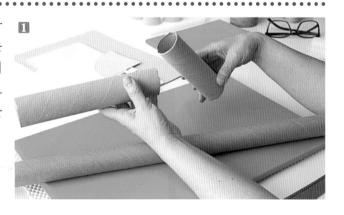

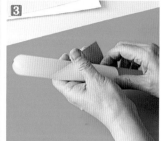

2 두꺼운 도화지로 타워 지붕을 만든다. 지붕 본을 사용해 6개를 자른다. 여분으로 몇 개 더 자르면 나중에 필요한 일이 생겼을 때 편리하다.

3 도화지의 두께 때문에 잘 구부려지지 않을 때는 사진과 같이 둥근 밀대로 종이를 말아 쉽게 모양을 만든다.

4 원뿔 모양으로 말고 셀로판 테이프로 고정한다.

5 타워 바디의 두께와 지붕 아래의 크기가 같아야 한다.

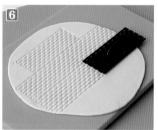

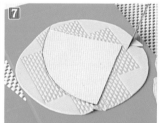

6 블루 폰던을 3mm 두께로 밀고 미니 패치워크 커터로 무늬를 찍는다. 커터를 녹말가루에 담갔다가 가루를 털고 사용하면 반죽이 달라붙지 않고 잘 떨어진다.

7 지붕 본을 대고 본보다 조금 크게 자른다. 폰던을 자른 후에 크기가 줄어드는 경우가 있기 때문이다.

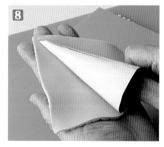

8 잘라 낸 조각에 물을 바르고 만들어 둔 지붕에 붙인다. 조각의 끝이 테이프로 연결된 지점에 오도록 붙인다.

9 나중에 깃발을 꽂아야 하니 지붕 꼭대기에 이쑤시개나 스파게티 국수로 구멍을 만든다. 해가 들지 않는 건조한 곳에서 하루 정도 잘 말린다.

햇빛에 닿으면 탈색된다.

10 핑크 폰던을 3mm 두께로 밀고 브릭 임프레션 매트를 이용해 벽돌 무늬를 찍는다.

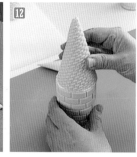

11 폰던에 물을 바르고 타워를 씌운다. 타워에 벽돌 무늬가 세로로 가지 않도록 주의한다. 타워를 하루 정도 말려 장식하면 손으로 잡아도 자국이 나지 않아 편리하다.

12 잘 마른 타워와 지붕을 로열아이싱으로 연결한다.

13 핑크 모델링 반죽을 약 5mm 두께로 민다.

> 반죽의 두께를 일정하게 밀 수 있도록 실리콘 각봉을 사용하였다.

14 밀어 놓은 반죽에 벽돌 무늬를 찍고 두께 3cm, 길이 21cm로 자른다. 1.5cm 사각 커터나 칼로 모양을 만든다.

> 타워에 둘러보고 알맞은 크기로 자른다.

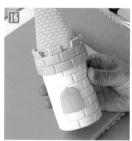

15 조각에 물을 바르고 타워와 지붕이 연결되는 지점에 붙인다.

16 핑크 반죽을 얇게 밀고 창문 본대로 잘라 타워에 붙인다.

17 블랙 식용 색소로 다양한 톤의 회색을 만들고 여러 개를 길게 만들어 한꺼번에 뭉친다.

18 꽈배기처럼 돌려주면 반죽이 섞여 자연스러운 마블링이 생긴다. 적당히 섞어 둥글게 뭉친다.

19 마블링된 반죽을 약 1cm 두께로 밀고 폭이 1cm 정도 조각으로 자른다.

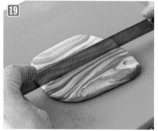

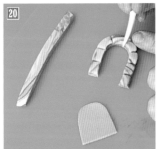

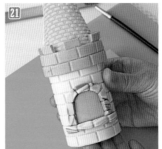

20 긴 조각을 창문 가장자리를 두를 크기로 자르고 슈거 툴로 눌러 여러 개의 돌을 연결한 모양을 만든다.

21 같은 방법으로 창틀을 만든다. 창틀은 창문보다 약간 길게 만들어 붙인다.

> 나머지 다섯 개 타워에도 창문을 만들어 붙인다.

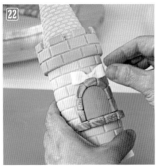

22 흰색 모델링 반죽을 얇게 밀고 폭 1cm로 길게 잘라 중앙에 매듭이 없는 작은 리본을 만들어 창문 위에 붙인다.

23 리본 중앙에 그린 로열아이싱을 이파리처럼 뾰족하게 짜고 로열아이싱 장미를 붙인다.

> 창문 틀에도 그린 로열아이싱 잎을 먼저 짜고 위에 핑크 로열아이싱을 짠다.

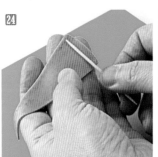

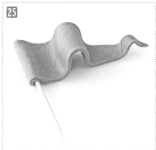

24 핑크 반죽으로 깃발을 만든다. 깃발 본을 대고 반죽을 잘라 내 넓은 쪽에 물을 약간 바른 후 이쑤시개를 반죽으로 덮고 이쑤시개가 반죽에서 빠지지 않도록 잘 붙인다.

25 스펀지 위에 올리고 모양을 만들어 완전히 말린다.

26 핑크 반죽을 조그만 공 모양으로 빚어 타워 지붕 꼭대기에 물로 붙이고 말려 둔 깃발을 꽂는다.

케이크 장식하기

1 짙은 핑크 모델링 반죽으로 케이크 가장자리 장식을 만든다. 타워 장식과 같은 방식으로 만들어 케이크를 장식하기 때문에 벽돌을 하나 건너 하나씩 자른다.

2 케이크보다 조금 위쪽에 붙인다.

성의 문 만들기

1 2 브라운 모델링 반죽을 4mm 두께로 밀고 종이 본을 대고 자른다. 슈거 툴로 금을 그어 나뭇결을 표현한다. 블랙 반죽을 가늘게 밀어 동그랗게 만들어 문고리를 만든다.

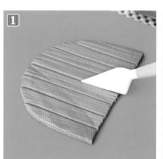
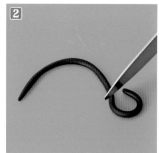

3 회색 반죽으로 문 둘레에 붙일 돌 장식을 만든다.

4 문을 위, 아래 케이크에 붙인다.

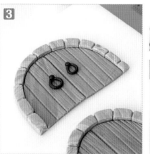

돌길 만들기

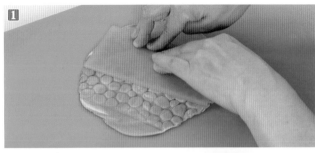

1 회색 반죽을 4mm 두께로 밀고 임 프레션 매트로 찍어 돌 모양을 만든다.

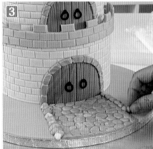

2 문 앞에 돌길을 붙이고 남는 부분 을 자른다.

3 회색 반죽을 작은 돌멩이같이 만 들어 돌길 가장자리에 붙인다.

리본 장식 하기

1 흰색 모델링 반죽으로 기다란 리 본 꼬리를 먼저 붙인다.

2 리본을 만들어 붙이고 리본 중앙 을 로열아이싱 장미와 그린 아이싱으 로 장식한다.

케이크 조립하기

1 2 작은 타워 두 개는 케이크 위에
붙인다.

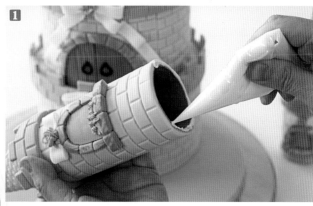

3 긴 타워 두 개를 뒤쪽에 붙이고 그
보다 작은 타워를 앞쪽에 붙인다.

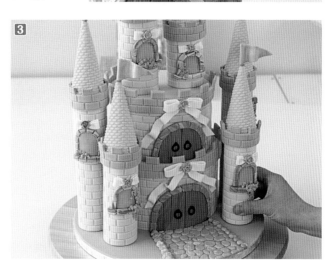

What You Need

- 18cm(W)×15cm(H) 케이크 스펀지
- 1.5kg 폰던
- 200g 검 반죽
- 33cm 케이크 판
- 식용 컬러 : 오렌지, 그린, 브라운, 레드, 블랙, 아이보리, 화이트
- 식용 파우더 : 브라운, 블랙
- 로열아이싱
- PME 잎 짜기 팁 67번
- PME 장미잎 커터
- 10cm 케이크팝 스틱 또는 이쑤시개
- 4cm 원형 커터 & 1.5cm 사각 커터
- 슈거 크래프트 툴

미리 만들어 준비할 것들

사다리 만들기

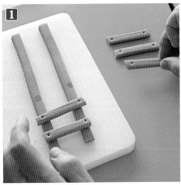
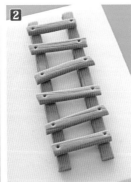
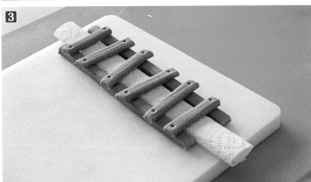

1 연한 브라운 검 반죽을 1cm 두께로 밀어, 폭은 1.5cm 길이는 15cm로 잘라 사다리 양쪽을 만든다. 나머지 반죽을 잘라 사다리 스텝 부분을 만들고 칼로 표면을 긁어 나뭇결을 표현한 후 양 끝을 뾰족한 툴로 눌러서 못 자국을 만든다.

2 10분 정도 두었다가 검 글루를 발라 끈적해지면 스텝을 붙인다.

3 반죽이 완전히 건조되지 않아 스텝 부분이 아래로 내려앉을 수 있으니 키친타월을 돌돌 말아 아랫부분을 받친다. 적어도 하루, 이틀 동안 완전히 말린다.

버섯 만들기

1 레드 모델링 반죽을 1cm 두께로 밀고 위에 랩을 덮은 후에 4cm 원형 커터를 눌러 버섯 머리를 만든다. 랩이 덮인 상태에서 커터가 반죽을 누르면 랩이 반죽을 누르면서 가장자리가 각지지 않고 부드러운 원형 조각을 만들 수 있다.

2 버섯 머리를 뒤집어서 약간 작은 크기의 흰색 조각을 붙인 후에 슈거 툴로 금을 그어 버섯 아랫부분을 표현한다.

34 두꺼운 붓대를 이용해 중앙에 몸체와 연결할 부분을 표시한다.

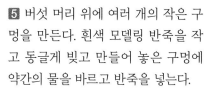

5 버섯 머리 위에 여러 개의 작은 구멍을 만든다. 흰색 모델링 반죽을 작고 동글게 빚고 만들어 놓은 구멍에 약간의 물을 바르고 반죽을 넣는다.

6 버섯 머리에 돌아가며 칼집을 넣는다. 약 12g의 흰색 모델링 반죽으로 버섯 몸통을 만들고 두꺼운 쪽을 바닥에 두드려서 평평하게 만든다.

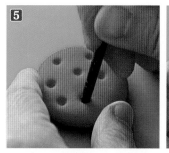

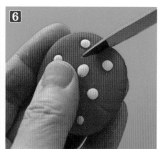

78 중앙에 이쑤시개를 넣어 모양을 지탱시켜 주고 물을 발라 버섯 머리와 연결한다.

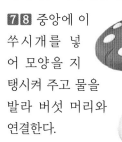

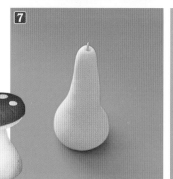

케이크 준비하기

1 케이크 스펀지를 케이크 판에 올리고 초콜릿 가나슈로 샌드위치한다.

⇒ 케이크 준비하기 참조

2 케이크를 호박 모양으로 다듬는다. 먼저 위아래 부분을 둥글게 만들고 케이크에 5줄의 칼집을 낸 후 호박 모양으로 다듬는다.

3 가나슈를 꼼꼼하게 바른다.

> 굴곡이 있는 부분에 가나슈를 너무 많이 바르지 않도록 주의한다.

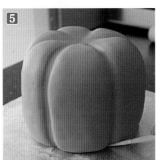

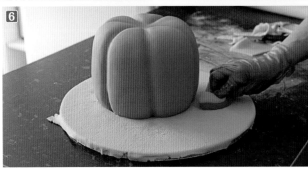

4 오렌지색 폰던으로 케이크를 씌운다. 슈거 툴로 굴곡이 있는 부분이 잘 드러나도록 살살 누른다. 너무 세게 누르면 폰던이 찢어질 수 있으니 주의한다.

5 케이크 아랫부분의 폰던은 슈거 툴이나 칼을 이용해 깔끔하게 케이크 안쪽으로 밀어 넣는다.

6 케이크 판을 그린색 폰던으로 덮고 거친 수세미로 꾹꾹 누른다.

케이크 장식하기

호박 줄기 만들기

1 그린색 모델링 반죽 100g을 **1**과 같은 모양으로 만들고 슈거 툴이나 붓대를 이용해 표면에 여러 개의 굵은 줄을 긋는다.

2 손으로 꼭꼭 눌러서 호박 윗부분에 붙어 있는 줄기 모양을 만든다.

3 가느다란 쪽을 한 번 비틀고 나머지 부분을 자른다.

4 물을 바르고 호박 케이크에 붙인다.

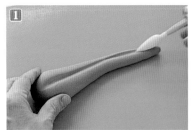
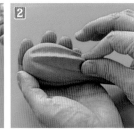
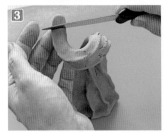

돌계단 만들기

1 회색 모델링 반죽을 약 1cm 두께로 밀고 약 11×4cm 크기로 자른다. 가장자리를 둥글게 만들고 슈거 툴이나 칼로 여러 개의 라인을 만들어 여러 개의 돌이 합쳐진 것을 표현한다. 라인은 선명하고 굵게 만들어야 보기 좋다.

2 스펀지를 눌러서 거친 표면을 만든다.

3 현관문이 자리할 곳에 물로 붙인다.

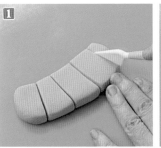

현관 문 만들기

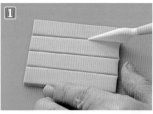

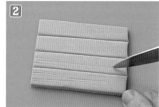

1 연브라운 모델링 반죽을 5mm 두께로 밀고 7×5cm 크기의 직사각형을 자른다.

3개의 라인을 긋는다.

2 칼로 죽죽 대충 표면만 그어 나뭇결을 만든다.

3 4 문 아래위에 긴 조각들을 붙이고 문손잡이도 동글게 빚어 붙인다.

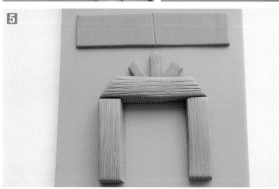

5 브라운 모델링 반죽으로 현관 장식을 만든다.

지붕: 14×3cm

지붕 아래 장식 중간 사이즈: 높이 약 3cm

서까래: 아래쪽은 10cm, 위쪽은 7cm,
두께 2cm

기둥: 높이 7cm, 폭 2.5cm, 두께 2cm

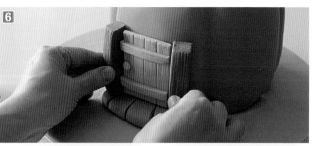

6 먼저 현관문을 물로 붙이고 양옆에 기둥을 붙인다. 물을 바르고 잠시 기다리면 표면이 끈적해진다. 이때 기둥을 붙이면 쓰러지지 않고 잘 붙는다.

7 서까래를 붙이고 지붕 아래 장식을 붙인다.

8 지붕을 붙인다.

9 그린 모델링 반죽을 얇게 밀고 장미 잎 커터로 여러 개의 이파리를 만든다.

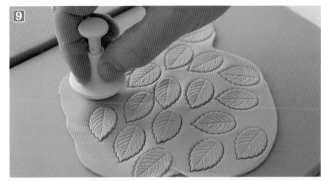

10 이파리를 아래부터 위쪽으로 지붕에 붙인다.

11 지붕과 케이크 사이의 틈이 안 보이게 위쪽에는 세 장의 잎을 붙인다.

창문 만들기

1 브라운 모델링 반죽을 4mm 정도 두께로 밀고 본대로 자른다. 1.5cm 사각 커터로 창문을 찍는다.

약간 삐뚤게 찍으면 귀엽다.

2 칼로 표면을 긁어 나뭇결을 만들고 검은색 폰던을 창문 크기로 잘라 뒤에 붙인다.

3 브라운 모델링 반죽을 1.5cm 두께로 밀어 창문보다 조금 더 크게 만들어 창문 아래에 붙인다.

무게가 있는 조각은 물을 바른 후에 끈적해질 때까지 기다렸다가 붙여야 케이크에서 떨어지지 않는다.

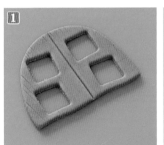

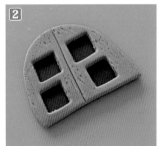

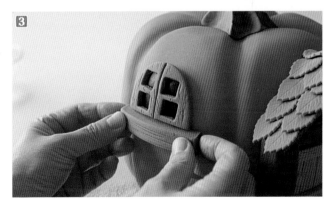

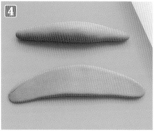

3 약 28g의 브라운 모델링 반죽으로 양 끝보다 중간이 두툼하게 빚는다. 작은 밀대로 약 14cm 길이로 밀어 창문 위에 붙일 지붕을 만든다.

4 지붕의 크기를 창문에 맞춰 조절하고 물이나 검 글루로 붙인다.

호박 잎 만들기

1 그린 모델링 반죽을 5mm 정도의 두께로 밀고 본을 이용해 작은 칼로 호박잎을 자른다.

2 슈거 툴로 잎맥을 그린다.

3 케이크에 호박잎을 붙이고 반죽을 긴 로프처럼 만들어 호박 줄기처럼 꼬면서 케이크에 붙인다.

연통 만들기

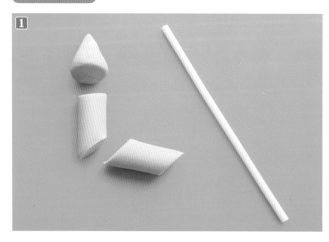

1 회색 모델링 반죽 10g을 긴 원통처럼 빚고 칼로 비스듬이 자른 뒤, 한쪽을 반대로 돌리면 연통의 연결 부분을 만들 수 있다. 적당한 길이로 자르고 남은 반죽은 원뿔 모양으로 빚어 연통의 윗부분을 만든다. 10cm 케이크 팝 스틱을 연통에 꽂는다.

이쑤시개로 대체해도 좋지만, 날카로운 이쑤시개로 인해 다치는 일이 없도록 미리 알린다.

2 약간의 물을 바르고 연통을 케이크에 꽂는다.

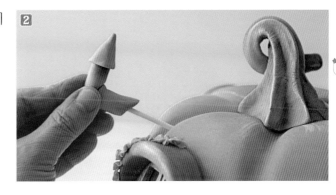

마무리 장식하기

1 브라운과 블랙 식용 파우더를 이용해서 그림자를 만들면 좀 더 동화책과 같은 감성이 난다. 현관문 나무 사이사이를 진한 브라운 색으로 더스팅 하면 나무의 질감이 살아나고 입체감이 생긴다. 현관 앞의 돌계단에는 블랙 파우더로 더스팅 한다.

⇒ 케이크 더스팅하기 참조

2 호박 줄기와 잎도 브라운과 블랙을 적절히 사용해 그림자를 만든다.

3 창문의 안쪽, 창틀 등 먼지가 끼고 세월의 흔적이 느껴지는 부분을 집중적으로 더스팅 한다.

4 PME 잎파리 짤팁 67번과 그린 로열아이싱으로 창문 둘레를 장식한다.

아이싱이 완전히 마르면 흰색 식용 색소로 여기저기 입체감을 더한다.

5 검 반죽으로 만든 가구와 동물 피겨로 장식하면 귀여운 장면을 연출할 수 있다.

6 만들어 놓은 사다리를 한쪽에 세우고 크고 작은 버섯들과 나뭇잎으로 장식한다.

⇒ 나뭇잎 만드는 법은 "가을 동화 하우스 케이크" 참조

7 작은 호박으로 문 앞을 장식하면 귀엽다.

⇒ 장식용 소품 만들기 참조

가을 동화 하우스 케이크

What You Need

- 15cm(W)×16cm(H) 케이크 스펀지
- 1.5kg 폰던
- 200g 라이스 크리스피 시리얼 또는 쌀튀밥
- 200g 마시멜로, 50g 버터
- 30cm 케이크 판, 18cm 얇은 케이크 판
- 버블티 스트로 3개
- 식용 색소: 브라운, 레드, 핑크, 아이보리, 블랙
- 식용 파우더: 옐로, 오렌지, 레드, 브라운, 블랙
- 물엿 조금
- 슈거 크래프트 툴
- 대나무 꽂이 & 이쑤시개
- 떡갈나무 잎 커터
- 붓

케이크 준비하기

지붕 만들기

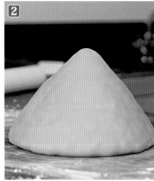

1 라이스 크리스피 시리얼이나 쌀튀밥으로 지름 17cm, 높이 10cm의 원뿔 모양 지붕을 만들고 얇은 17cm 케이크 카드에 올린다.

2 진한 아이보리색 폰던으로 씌울 때 케이크 판이 보이지 않아야 한다.

⇒ 쌀튀밥과 시리얼 사용법 참조

케이크 준비하기

12 지름 15cm, 높이가 16~17cm 정도 되는 케이크 스펀지를 버터크림으로 샌드위치한다.

3 짙은 아이보리색 폰던으로 케이크를 씌운다.

⇒ 케이크 준비하기 참조

4 지붕의 무게를 감당하기 위해 버블티 스트로를 3개 꽂고 높이에 맞춰 가위로 자른다.

케이크 장식하기

1 케이크를 30cm 케이크 판에 올리고 흰색 폰던으로 씌운다. **1**에는 케이크 판이 두 개이지만 큰 것 하나만 사용한다. 본을 대고 현관문과 창문이 들어갈 자리의 폰던을 뜬다. 창문은 앞에 두 개, 뒤쪽에 한 개를 자른다.

자르지 않고 문과 창문을 만들어 붙여도 좋다.

2 블랙 폰던을 창문 배경으로 붙인다.

돌계단 만들기

1 맨 아래 계단의 길이는 약 11cm 정도이니 그 길이에 맞춰 위로 올라갈수록 조금씩 작아지게 만든다.
회색 반죽을 7mm 정도의 두께로 밀어 세 조각을 자르고 슈거 툴이나 칼 등으로 깊게 금을 그어 돌이 서로 붙어 있는 것같이 표현한다.

2 거친 스펀지로 눌러 질감을 낸다.

3 현관문 앞에 계단을 붙인다.

현관문 만들기

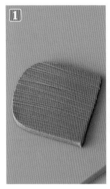

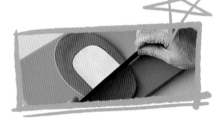

1 짙은 브라운 모델링 반죽을 7mm 두께로 밀고 본을 대고 문짝을 자른다.

2 칼로 표면을 긁어 나뭇결을 만든다. 나머지 반죽에 레드 색소를 약간 섞어 붉은 톤의 브라운 컬러로 만든다.

3 길쭉한 조각을 자른 후 나뭇결을 만들어 문에 붙이고 손잡이도 만들어 붙인다.

4 케이크 표면에 바른 버터크림 때문에 현관문에 아무것도 바르지 않고 그대로 붙일 수 있다.

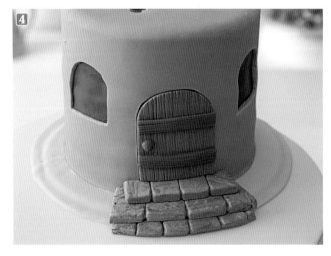

5 현관문 위에 붙여 줄 돌 장식을 만든다. 회색 모델링 반죽을 7mm 두께로 밀고 현관문 종이 본을 대고 1.5cm 두께로 자른다.

6 슈거 툴로 라인을 만든다.

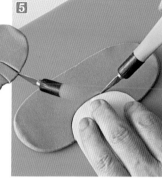

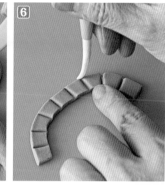

7 8 창문 나머지 돌 장식을 달고 브라운 모델링 반죽을 십자 모양으로 잘라 창틀을 만들어 붙인다.

벽돌 만들기

1 2 남아 있는 세 가지 브라운 모델링 반죽을 각각 얇게 밀어 지름 2cm, 폭 1cm 직사각형 벽돌 조각을 만든다.

3 케이크 전체를 돌아가며 벽돌을 붙인다.

버섯 장식 만들기

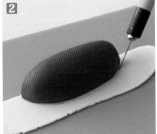

12 100g 레드 모델링 반죽을 길쭉하게 빚어 한쪽을 자른다.

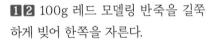

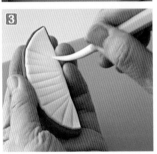

3 자른 부분에 흰색 반죽을 붙이고 슈거 툴로 금을 긋는다.

4 흰색 반죽을 작고 동그랗게 빚고 손가락으로 눌러 납작하게 만든 후, 물로 버섯 위에 붙인다.

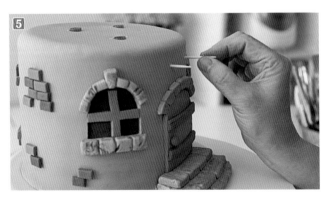

5 버섯 장식의 무게를 지탱할 수 있도록 이쑤시개나 대나무 꽂이를 케이크에 박는다.

위험하지 않도록 케이크를 받는 분께 이쑤시개에 관해 반드시 미리 알린다.

6 버섯 장식에도 이쑤시개가 들어갈 자리를 미리 뚫어 놓아야 이쑤시개가 케이크 안으로 밀려 들어가지 않는다. 물을 바르고 잠시 기다렸다 표면이 끈적해지면 장식을 붙인다.

7 식용 색소에 물을 섞어 케이크 판을 색칠한다.

가을 분위기를 내기 위해 그린, 브라운, 레드 컬러 등을 사용한다.

8 그린 반죽 덩이를 돌계단 옆에 붙이고 짤팁이나 포크로 콕콕 찍어 무늬를 낸다.

톤이 다른 여러 그린색으로 칠한다.

9 회색 반죽으로 다양한 크기의 돌멩이를 만들고 사이사이에 풀을 만들어 붙인다.

케이크 장식하기

지붕 장식하기

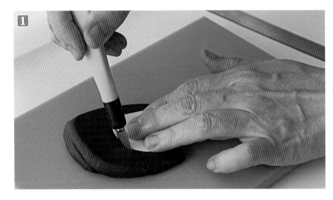

1 블랙 모델링 반죽 한쪽을 다른 쪽 보다 두껍게 밀고 창문 본을 대고 지붕에 붙일 창문을 자른다.

위쪽이 두꺼워야 한다.

2 창문을 붙이고 아래쪽에 돌 장식을 창문보다 약간 더 크게 만들어 붙인다.

3 브라운 모델링 반죽을 7mm 두께로 밀고 창문 위에 붙일 지붕의 본을 대고 잘라 물로 붙인다.

나뭇잎 장식 만들기

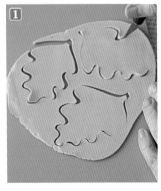 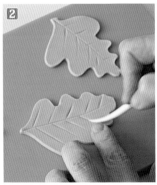 

1 그린과 옐로 모델링 반죽을 3mm 두께로 밀고 나뭇잎 본이나 쿠키 커터 등을 이용해 나뭇잎을 3~4가지 다른 크기로 자른다.

2 슈거 툴로 잎맥을 그린다.

3 달걀 박스처럼 생긴 슈거 크래프트용 스펀지에 올려 다이내믹한 모양으로 적당히 말린다.

4 슈거용 스펀지가 없어도 종이 포일을 구겨서 사용할 수 있다.

잎이 완전히 마르면 사용하기 어려우니 반 정도만 말린다.

5 가을에 떨어지는 떡갈나무잎의 사진을 보면서 식용 파우더로 더스팅 한다.

6 브라운, 오렌지, 레드 등으로 더스팅 한다.

붓을 이파리의 가장자리에서 안쪽으로 더스팅 하면 더 자연스럽다.

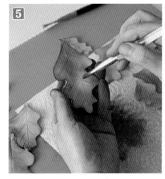 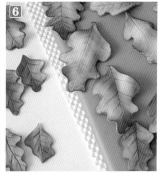

7 지붕의 색과 비슷한 로열아이싱으로 나뭇잎을 지붕에 붙인다.

잎을 조금씩 겹쳐지게 붙인다.

8 작은 나뭇잎을 적당한 크기로 잘라 큰 잎들 사이사이의 공간을 메꾼다.

 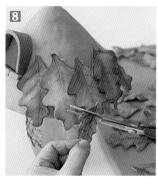

9 색이 다른 잎들을 군데군데 넣는다.

지붕을 거의 덮으면 케이크 위로 옮겨 마무리한다.

케이크 조립하기

1 케이크 위에 로열아이싱을 짠다.

2 지붕을 올리고 창문이 앞쪽으로 오도록 자리를 잡는다.

3 지붕의 빈 공간들을 잎으로 채운다.

가을 동화 하우스 케이크

생쥐 만들기

1 연한 브라운 모델링 반죽 16g을 달걀 모양으로 빚고 가는 붓대를 사용해 눈과 코가 들어갈 자리를 만든다.

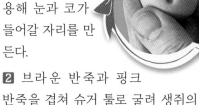

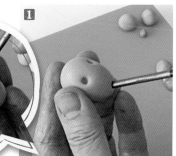

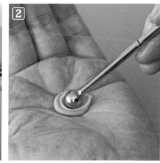

2 브라운 반죽과 핑크 반죽을 겹쳐 슈거 툴로 굴려 생쥐의 귀를 만든다. (약 5g)

3 눈과 코를 만들어 붙이고 귀도 머리 뒤쪽에 붙인 후 떨어지지 않도록 부드러운 스펀지 등으로 받친다.

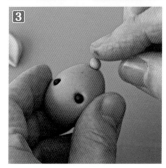

4 약 5g의 반죽으로 물방울같이 만들고 두꺼운 쪽에 자국을 내어 생쥐의 손도 만든다.
귀가 떨어지지 않을 때까지 기다렸다가 케이크에 붙인다. (약 20~30분)

5 진한 브라운 모델링 10g을 도토리 모양으로 빚고 한쪽 끝을 잡아당겨 뾰족하게 만든다.

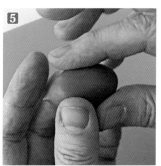

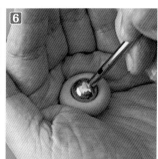

6 연한 브라운 반죽 6g을 동글게 빚고 슈거 툴로 눌러 도토리 모자를 만든다.

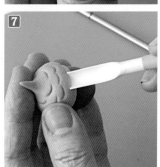

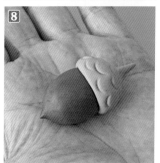

7 한쪽을 잡아당겨 뾰족하게 만든다.

8 도토리에 씌우고 슈거 툴로 눌러 무늬를 만든다.

9 지붕 창문에 생쥐의 머리를 지탱할 지지대로 이쑤시개를 꽂는다. 생쥐의 두 손을 창문에 붙인다.

10 생쥐 머리를 검 글루나 물로 붙이고 약간의 물엿을 붓에 묻혀 생쥐의 눈에 발라 윤기를 낸다. 케이크 아래 창문도 같은 방식으로 생쥐를 붙인다.

11 지붕 꼭대기에도 이쑤시개를 꽂아 도토리가 떨어지지 않게 붙인 후 물엿을 발라 윤기를 낸다.

12 대나무 꽂이에 치실이나 두꺼운 실을 묶고 꽂이의 뾰족한 부분을 케이크 판에 박아 준 후 치실의 다른 쪽은 이쑤시개에 매어 창문 위쪽에 꽂는다. 대나무 꽂이 아래에 작은 돌멩이를 만들어 붙인다.

13 수건과 양말을 만들어 빨랫줄에 걸어 주고 버섯과 나뭇잎으로 장식한다.

14 계단 아래를 동글동글한 돌로 장식하고 케이크 전체를 식용 파우더로 더스팅 한다.

요정의 성 케이크

🍰 15cm×15cm 케이크 스펀지

🍰 2kg 폰던

🍰 33cm 원형 케이크 판

🍰 식용 색소 : 핑크, 브라운, 블랙, 그린

🍰 식용 파우더 : 브라운, 그린, 옐로, 핑크

🍰 로열아이싱

🍰 FMM 코블스톤 임프레션 매트

🍰 FMM 벽돌 임프레션 매트

🍰 백합 꽃잎 커터

🍰 장미 이파리 커터 & 꽃받침 커터

🍰 지름 1.5cm 사각 커터

🍰 윌튼 짤팁 352번

🍰 수세미

🍰 두꺼운 도화지로 만든 종이관(지름 4cm×높이 16cm)

🍰 슈거 크래프트 기본 도구

케이크·케이크 판 준비하기

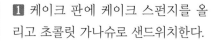
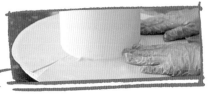

1 케이크 판에 케이크 스펀지를 올리고 초콜릿 가나슈로 샌드위치한다.

2 가나슈를 케이크 전체에 꼼꼼하게 바른다. ⇒ 케이크 준비하는 법 참조

3 연한 핑크 폰던에 약간의 브라운 색소를 넣어 빈티지 핑크색으로 만들고 5mm 두께로 밀어 케이크를 씌운다. 그린 폰던으로 케이크 판을 씌우고 키친 포일을 뭉쳐서 폰던에 꾹꾹 눌러 울퉁불퉁한 질감을 낸다.

타워 만들기

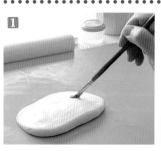

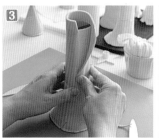
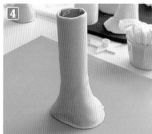

1 케이크를 씌우고 남은 핑크 폰던 약 100g을 한쪽이 다른 쪽보다 두껍게 밀고, 물을 바른다.

2 종이로 만들어 놓은 타워에(지름 4cm, 높이 16cm) 두꺼운 쪽 폰던이 바닥 쪽에 가도록 붙인다.

> **손으로 눌러가며 타워 아랫부분이 흔들리지 않고 바닥에 평평하게 펴지도록 만든다.**

34 연한 브라운 폰던을 3mm 두께로 밀어 타워를 감싼다.

5 얇게 밀어 놓은 블랙 폰던에 종이 본을 대고 창문을 자른다. 회색 폰던을 1cm 두께로 밀고 창문을 감쌀 길이로 자른 후 슈거 툴로 줄을 긋는다.

스펀지로 눌러 돌 질감을 표현한다.

6 타워에 창문을 붙인다. 브라운 반죽을 창문의 지름보다 약간 길게 잘라 칼로 표면을 그어 나무 무늬를 낸 창문 틀을 만들어 창문 아래에 붙인다.

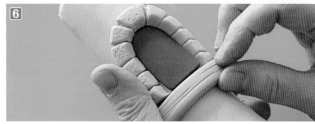

7 회색 폰던을 5mm 두께로 밀고 돌 모양 임프레션 매트를 누른다.

89 비스듬한 모양으로 잘라 타워를 감싼다

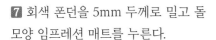

10 회색 반죽을 둥글게 빚어 타워 곳곳에 붙인다.

11 그린 로열아이싱으로 타워에 로프를 짜고 로프를 따라 잎을 짠다.
(352번 이파리 짤팁)

12 본 대로 도화지를 이용해 타워 지붕을 만들고, 핑크 폰던을 본을 대고 잘라서 지붕을 씌운다.

13 핑크 모델링 반죽을 2mm 두께로 밀고 백합 꽃잎 커터로 여러 개의 꽃잎을 찍는다,

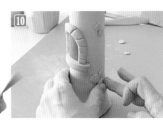

14 슈거 크래프트용 스펀지에 꽃잎을 올리고 볼 툴(ball tool)로 꽃잎 가장 자리를 눌러 주름을 만든다.

15 볼 툴로 꽃잎 중간을 죽 밀어 꽃잎 이 둥글게 말려지게 만든다.

⇒ 영상 참조

16 꽃잎을 지붕에 붙인다.

17 종이 본 대로 여러 개의 꽃잎을 자른다. 볼 툴을 이용해 주름을 만들고 이쑤시개나 케이크 팝 스틱을 이용해 꽃잎 끝을 둥글게 만다.

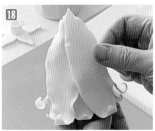

18 먼저 붙여 놓은 꽃잎 사이사이를 큰 꽃잎으로 채운다.

19 장미 꽃받침 커터로 꽃받침을 만들고 볼 툴로 가장자리에 약간의 주름을 만든다.

20 꽃잎에 꽃받침을 붙이고 6g 정도의 반죽을 물방울 모양으로 빚어서 위에 붙인다.

2~3시간 정도 말린다.

21 핑크색 식용 파우더와 녹말가루를 약간 섞어 색을 연하게 만들고 꽃잎을 더스팅 한다.

22 로열아이싱으로 지붕을 타워에 붙인다.

22 지름 3.5cm 정사각형의 블랙 창문을 자르고 나무 창틀과 덧문을 만든다.

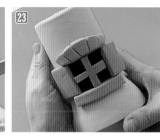
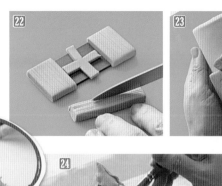

23 케이크 위에 올려줄 높이 12cm×지름 5.5cm의 종이 타워를 만들고 창문을 붙인다.

24 지붕을 본대로 오려서 만들고 그린 폰던으로 씌운 후에 장미잎을 붙이고 2~3시간 말린 후에 그린과 브라운 식용 파우더로 더스팅한다.

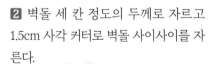

케이크 장식하기

1 핑크 폰던을 5mm 두께로 밀고 벽돌 임프레션 매트를 누른다.

> 매트를 사용하기 전에 녹말가루를 약간 묻히면 폰던에서 떼어내기 훨씬 수월하다.

2 벽돌 세 칸 정도의 두께로 자르고 1.5cm 사각 커터로 벽돌 사이사이를 자른다.

> 폰던이 모양을 유지할 수 있도록 5분 정도 그대로 둔다.

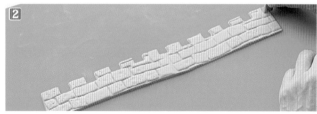

3 케이크 위쪽에 물을 바르고 장식을 붙인다.

4 브라운 모델링 반죽을 4mm 두께로 밀고 본을 대고 문을 자른다. 칼로 표면을 긁어 나뭇결을 표현해 주고 블랙 반죽으로 경첩을 만들어 붙인다.

5 반죽을 길고 가늘게 밀어 문고리도 만들어 붙인다.

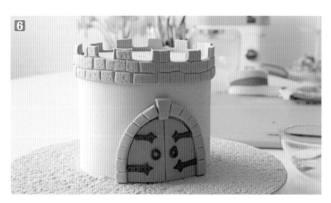

6 성문을 케이크에 붙인다. 회색 반죽을 이용해 가장자리를 장식한다.

7 타워에 사용했던 창문 본을 이용해 창문을 잘라 붙이고, 브라운 모델링 반죽으로 창문틀과 덧문을 만들어 붙인다.

> 임프레션 매트를 이용해 돌 모양을 찍고 돌의 모양대로 오려 케이크 가장자리를 장식한다.

8 다크 브라운과 블랙 식용 파우더로 케이크 전체를 더스팅 한다.

⇒ 케이크 더스팅하는 법 참조

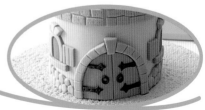

9 창문에 불이 켜진 것처럼 보이게 창문 자리를 칼로 자르고 종이 포일을 타워 안쪽에 붙인 후에 창문 장식을 한다. 두꺼운 도화지로 타워의 바닥도 만들어 붙인다.

미니 LED 조명을 전지와 함께 타워에 넣는다.

10 지붕을 올려주면 완성!

타워 안에는 조명뿐만 아니라 사탕이나 초콜릿으로 채워 아이의 생일 파티에서 나누어 주면 특별한 선물이 될 것이다.

11 케이크 판에 로열아이싱으로 타워를 붙인다.

12 로열아이싱 이파리로 케이크를 장식한다.

13 만들어 놓은 작은 꽃과 버섯, 무당벌레 등으로 케이크를 장식한다.

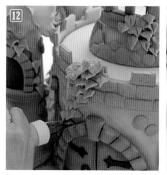

회전목마 케이크

What You Need

- 🍰 27cm×9cm(H) 원형 케이크 스펀지
- 🍰 27cm×6cm(H) 원형 스티로폼 모형 케이크
- 🍰 15cm×3cm(H) 원형 스티로폼 모형 케이크
- 🍰 10cm×15cm(H) 원형 스티로폼 모형 케이크
- 🍰 30cm 케이크 판 & 15cm 케이크 카드
- 🍰 식용 색소: 핑크, 블루, 골든 브라운, 골드 식용 파우더
- 🍰 로열아이싱
- 🍰 라이스 크리스피 또는 쌀튀밥 & 마시멜로
- 🍰 케이크 팝 스틱 & 대나무 꽂이
- 🍰 버블티 스트로
- 🍰 빈티지 플라크 커터
- 🍰 바로크 실리콘 몰드 & 보석 몰드
- 🍰 13cm 원형 커터
- 🍰 모양깍지: PME44, 42, No2
- 🍰 슈거 크래프트 기본 도구

미리 만들어 준비할 것

회전목마 지붕 윗장식

1 라이스 크리스피나 쌀튀밥에 녹인 마시멜로를 섞은 후 15cm 반구 틀에 꾹꾹 눌러 담아 모양을 만든다. 굳어질 때까지 실온에 두거나 냉장고에 넣는다.

⇒ 라이스 크리스피 마시멜로 만들기 참조

2 틀에서 꺼내 초콜릿 가나슈로 전체를 바른다.

표면이 매끈하게 가나슈로 두 번 정도 코팅한다.

3 가나슈를 바른 후 15cm 케이크 판 위에 올린다.

4 블루 폰던을 5mm 두께로 밀어 반구를 씌운다.

5 핑크 폰던을 5mm 두께로 밀고 13cm 원형 커터로 둥근 조각을 자른다.

6 자를 이용해 줄을 긋는다.

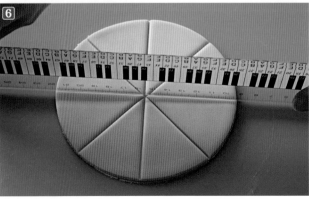

중요한건 꺾이지 않는 마음 ★★★

7 핑크 원형 조각을 반구위에 물로 붙
인다. 흰색 모델링 반죽을 3mm 두께
로 밀어 13cm 원형 조각을 자르고 8조
각으로 잘라 핑크 조각 아래 붙인다.

8 실리콘 몰드를 이용해 블루 브로
치를 만들고 핑크 장식 중앙에 붙인
다. 골든 브라운 로열아이싱으로 가
장자리를 장식한다.
(모양깍지 No2)

9 PME 42번 모양깍지로 바꿔 가장
자리에 파이핑한다.

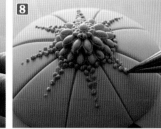

회전목마 지붕 위 장식

1 지붕의 무게를 줄이기 위해 스티로
폼 모형 케이크를 사용한다. (27×6cm)
모형 전체에 물이나 쇼트닝을 꼼꼼하
게 바르고 핑크 폰던을 5mm 두께로
밀어 씌운다. 씌운 부분이 회전목마
지붕의 천정이다.

**장식해서 잘 말린 후 아래쪽에도 폰던
으로 씌워야 한다. 하루 정도 말린다.**

2 천정 중앙에 기둥으로 사용할 모
형 케이크를 놓고 연필로 그려 연결
할 자리를 표시한다. 흰색과 블루 폰
던을 3mm 두께로 밀고 지름 27cm
케이크 카드를 이용해 원을 잘라 조
각들을 만들어 천장을 장식한다.

3 로열아이싱으로 가장자리를 장식
한다. (PME 42번 모양깍지)

완전히 말린다.

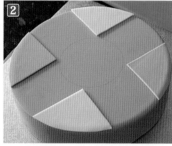
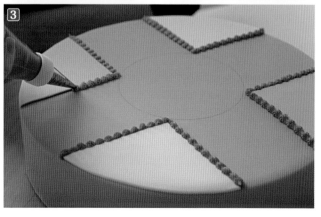

회전목마 중심 기둥

1 10×15cm 원형 스티로폼으로 회전목마의 중심 기둥을 만든다. 블루와 핑크 폰던을 4mm 두께로 밀어 기둥을 반쪽씩 커버한다.

2 블루와 핑크 모델링 반죽을 2mm 두께로 밀고 빈티지 플라크 커터로 한 개씩 자른다. 작은 크기의 플라크 커터로 핑크와 블루 조각을 하나씩 자른다.

3 먼저 큰 크기의 조각을 기둥의 양쪽에 붙이고 남은 공간에 작은 크기의 조각을 세로로 붙인다.

잘 말린다.

케이크 준비하기

1 25c×9cm의 원형 케이크 스펀지를 30cm 케이크판 위에 올리고 초콜릿 가나슈로 샌드위치한 후 전체를 코팅한다.

2 두 번 정도 전체를 코팅한다.

⇒ 케이크 준비하는 법 참조

3 폰던을 5mm 두께로 밀어 케이크를 씌운다.

4 케이크 위 장식의 무게를 지탱할 수 있도록 버블티 스트로 4개를 꽂아 지지대를 만든다.

5 15×3cm의 원형 모형 케이크를 같은 크기의 케이크 카드에 로열아이싱으로 붙이고 핑크 폰던을 씌운다.

6 7 케이크에 로열아이싱을 짜고 핑크 모형 케이크를 올린다. 손으로 누르면 폰던에 자국이 생기니 케이크 스무더로 눌러 잘 붙인다.

케이크 장식하기

1 핑크와 블루 폰던을 3mm 두께로 민다. 27cm 크기의 케이크 판을 대고 컬러별로 반원을 자른다. 지름 15cm 의 원형 커터나 케이크 카드로 잘라 케이크를 장식한다.

> 핑크와 블루 장식 사이에는 골든 브라운 폰던 조각을 붙인다.

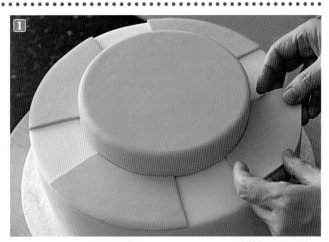

2 대형 빈티지 플라크 커터로 블루 모델링 반죽 조각 4개를 찍고 바로크 장식을 만들어 한쪽에 붙인 후에 잠시 말린다.

3 스펀지 위에 10분쯤 두어 모양을 지탱할 수 있을 정도로 굳으면 뒤쪽에 물을 바르고 케이크에 붙인다.

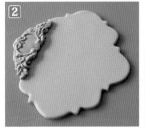

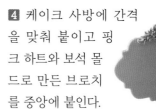

4 케이크 사방에 간격을 맞춰 붙이고 핑크 하트와 보석 몰드로 만든 브로치를 중앙에 붙인다.

5 작은 크기의 플라크 커터로 핑크 모델링 반죽 조각을 4개 만든다.

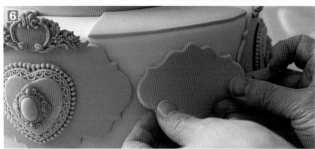

6 핑크 조각을 블루 플라크 장식 사이사이에 붙인다.

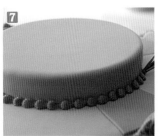

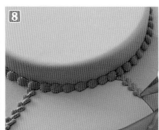

7 골든 브라운 로열아이싱으로 케이크 연결 부분을 장식한다.
(PME 45 모양깍지)

8 모양깍지를 44번으로 바꿔 하트 모양으로 짠다.

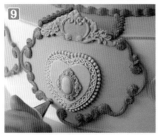

9 모양깍지 44번으로 플라크 가장자리에 바로크 스크롤 장식을 짠다.

⇒ 영상 참조

10 작은 플라크 가장자리에 스크롤 장식을 짠다.

11 보석 몰드로 브로치를 만들어 핑크 장식 중앙에 붙인다. 브로치 뒤에 검 글루나 물을 바르고 20초 정도 기다리면 끈적해져 흘러내리지 않고 잘 붙어 있다.

손으로 잠시 잡는다.

케이크 장식하기

1 잘 마른 지붕에 기둥을 붙일 수 있도록 로열아이싱을 짠다. 로열아이싱의 농도가 너무 묽지 않아야 단단하게 붙일 수 있다.

⇒ 로열아이싱 만들기 참조

2 기둥을 붙이는데 천장에 연결하는 것으로 거꾸로 붙인다.

3 지붕과 기둥이 안전하게 연결되도록 대나무 꽂이를 기둥 중심에 망치로 박는다.

4 커다란 케이크 판 위에 기름종이나 종이 포일을 깐다. 핑크 폰던을 3mm 두께로 밀고 종이 포일 위에 올린다. 폰던에 물이나 검 글루 또는 쇼트닝을 바르고 지붕을 올린다.

칼로 지붕 가장자리를 말끔하게 자른다.

5 가장자리를 자르고 남은 폰던을 제거한 후 케이크 판을 잡고 뒤집으면 깔끔하게 씌운 지붕을 확인할 수 있다.

6 블루와 흰색 모델링 반죽으로 플라크 조각을 만들고 지붕을 장식한다. 블루 플라크 조각에 바로크 장식을 아래위에 붙인다.

7 작은 플라크 조각 중앙에 핑크 브로치를 붙이고 44번 모양깍지로 플라크 가장자리를 장식한다.

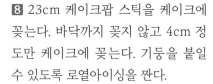

8 23cm 케이크팝 스틱을 케이크에 꽂는다. 바닥까지 꽂지 않고 4cm 정도만 케이크에 꽂는다. 기둥을 붙일 수 있도록 로열아이싱을 짠다.

9 기둥을 올리고 케이크 팝 스틱이 지붕 천장에 닿도록 잡아당겨 높이를 맞춘다.

10 지붕 위에 로열아이싱으로 둥근 장식을 붙인다.

11 로열아이싱으로 가장자리를 장식한다. (모양깍지 PME 44번)

12 골드 식용 파우더에 보드카를 섞어 붓으로 로열아이싱 장식에 바른다. 브로치 가장자리에도 바른다.

13 지붕 천장 장식에도 골드 파우더를 바른다.

14 말 모양으로 장식된 쿠키를 로열아이싱으로 케이크 팝 스틱에 붙인다.

15 바닥에 닿는 말굽에도 로열아이싱을 짠다.

> 잘 붙을 수 있도록 손으로 잠시 동안 잡는다.

화려하고 눈부신 매력의
슈거케이크

- 특별한 순간을 위한 매혹적인
크리스마스 케이크, 침대 케이크 등 -

What You Need

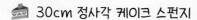

- 30cm 정사각 케이크 스펀지
- 1.5kg 폰던
- 35cm 정사각 케이크 판
- 브라운, 블랙 식용 색소 & 식용 파우더
- 슈거 크래프트 기본 툴
- 붓
- 물엿

케이크 준비하기

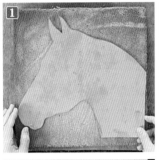

1 2 종이본을 대고 케이크를 자른다. 귀는 제외한다.

3 잘라내고 남은 케이크를 이용해 목 부분을 좀 더 크게 만든다.

케이크 판에 올린다.

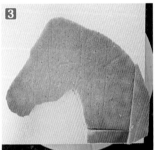
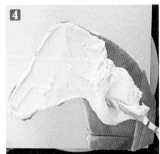

4 케이크 중간을 잘라 버터크림으로 샌드위치 하고 케이크 전체를 버터크림으로 바른다.

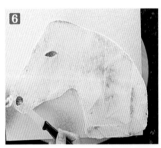

5 디테일한 그림이 그려진 종이 본을 만들고 눈을 파낸다.

6 작은 칼로 눈과 콧구멍 부분의 케이크 스펀지를 자른다.

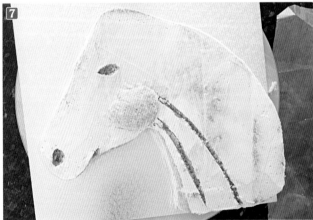

7 말의 목 부위도 칼로 길게 홈을 내어 근육을 표현하고 남은 케이크 스펀지를 다듬어 눈 밑에 올린 후 버터크림을 바른다.

8 브라운색 폰던으로 케이크를 씌우고 눈과 코, 목 근육 부위를 손가락으로 찢어지지 않도록 조심스럽게 눌러가며 모양을 잡는다.

9 눈과 코는 툴을 이용해 확실한 형태를 만든다.

10 툴을 이용해 눈 위쪽 주름을 만들고 콧구멍 바깥쪽 라인을 만든다. 볼옆에 움푹 들어간 곳도 표현한다.

실제 말 사진을 참고하면서 만들면
더 실감 나는 표현을 할 수 있다.

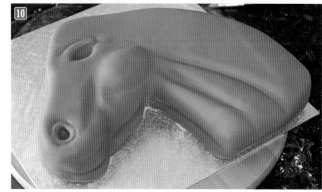

케이크 장식하기

1 브라운 폰던 약 50g을 둥글게 빚은 후 손으로 눌러 귀 모양으로 만든다.

2 3 한쪽 귀를 케이크 판 쪽 머리에 붙인 다음 다른 한쪽에 드라이 스파게티나 이쑤시개를 꽂고 물을 발라 케이크에 꽂는다.

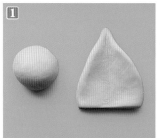

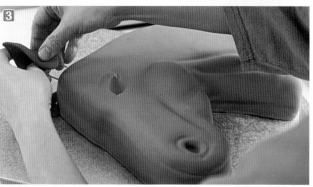

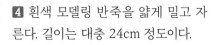

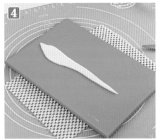
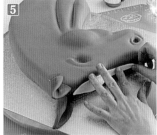

4 흰색 모델링 반죽을 얇게 밀고 자른다. 길이는 대충 24cm 정도이다.

5 물로 말의 이마부터 코 아래까지 붙인다.

6 블랙 반죽 약 15g으로 둥글게 빚어 눈을 만든다. 브라운 모델링 반죽을 얇게 밀어 눈 가장자리에 붙일 조각을 두 개 자른다.

7 눈을 제자리에 넣고 브라운 조각을 눈 위아래 부분에 붙인다.

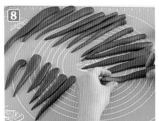

8 짙은 브라운 폰던으로 말의 갈기를 만든다.

다양한 두께와 크기로 여러 개를 만든다.

9 케이크에 물을 바르고 갈기를 붙인다.

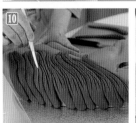

10 슈거 툴로 죽죽 금을 그어서 가느다란 갈기를 표현한다.

11 귀 사이에 짧게 만들어 붙인다.

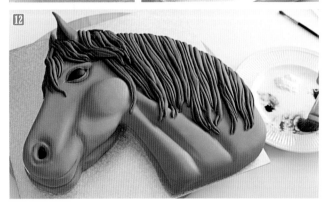

12 짙은 브라운 식용 파우더와 블랙 식용 파우더로 케이크 전체를 부드럽고 큰 붓을 이용해 더스팅 한다.

눈과 코 안쪽, 목근육, 귀 안쪽 등을 집중적으로 더스팅 해 명암을 만든다.

🔢 눈에 약간의 물엿을 발라 윤기를 낸다.

🔢 흰색 모델링 반죽으로 작은 원을 두 개 만들어 눈에 붙인다.

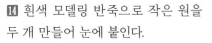

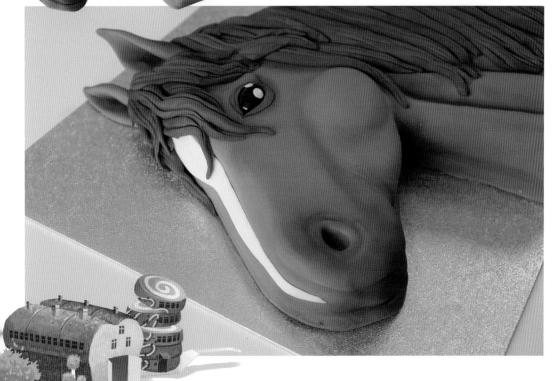

미 투유 베어 케이크

What You Need

- 🍰 27cm × 30cm 직사각형 케이크 스펀지
- 🍰 33cm 케이크 판
- 🍰 2kg 폰던
- 🍰 식용 색소: 블랙, 블루, 핑크, 옐로
- 🍰 로열아이싱
- 🍰 No 2 짤팁
- 🍰 스티치 툴
- 🍰 슈거 크래프트 기본 툴
- 🍰 3cm, 8cm 원형 커터
- 🍰 붓

케이크 준비하기

1 케이크에 종이본을 대고 모양대로 자른다. 자르고 남은 케이크에서 꽃받침이 될 지름 8cm 원형 케이크를 자른다.

2 왼쪽 다리 부분을 따로 분리하고 오른쪽 다리도 본대로 자른다.

> 다리 사이의 공간이 좁아 폰던을 씌울 수 없기에 왼쪽 다리는 따로 폰던을 씌워 나중에 몸체에 연결한다.

3 작은 톱니 칼로 테디베어의 모양을 다듬는다.

4 케이크를 케이크 판에 올린다. 오른쪽 팔도 몸체에서 분리해야 폰던으로 씌우기 쉽다.

> 남은 케이크로 테디의 배를 볼록하게 만든다.

5 버터크림으로 샌드위치할 수 있도록 케이크 중간을 칼로 나눈다. 윗부분을 들어낼 때 케이크 리프터를 사용해 모양이 망가지지 않게 들어낸다.

6 케이크 전체를 버터크림으로 꼼꼼히 바른다.

⇒ 케이크 준비하기 참조

7 그레이 폰던을 두께 5mm로 밀어 케이크를 씌운다.

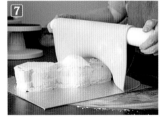

8 모양이 있는 케이크를 씌울 때 폰던이 찢어질 수 있어 각별히 조심한다. 손가락보다는 손바닥의 두꺼운 부분을 이용해 케이크 표면을 살살 문질러 가며 폰던을 케이크에 붙인다.

케이크 장식하기

케이크 판 커버하기

1 블루 폰던을 2~3mm 두께로 밀어 케이크 판에 물로 붙인다.

2 핑크 폰던과 화이트 폰던으로 기다란 조각을 만들어 한 개씩 번갈아 가며 케이크 판에 붙인다. 케이크에 닿은 부분은 손으로 부드럽게 눌러 모양을 잡고 필요 없는 부분을 칼로 자른다.

3 케이크와 바닥 장식이 만나는 부분이 좀 깔끔하지 않아도 괜찮다. 나중에 로열아이싱을 장식하면 다 가려진다.

4 화이트 폰던을 얇게 밀고 짤팁을 이용해 작은 원형 조각을 여러 개 만든다.

5 붓으로 물을 바르고 화이트 조각을 붙인다.

> 조각 간의 간격을 비슷하게 만들어야 보기 좋은 물방울 무늬를 만들 수 있다.

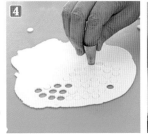

케이크 장식하기

1 종이 본을 각 부위별로 자른다. 그레이 폰던을 5mm 두께로 밀고 테디의 몸통 본보다 1cm 정도 크게 자른다.

2 스티치 툴로 가장자리에 박음선을 만든다.

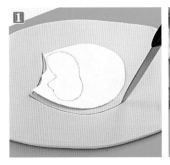

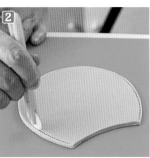

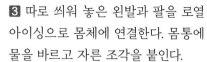
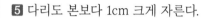

3 따로 씌워 놓은 왼발과 팔을 로열 아이싱으로 몸체에 연결한다. 몸통에 물을 바르고 자른 조각을 붙인다.

4 몸통과 마찬가지로 테디의 머리도 본대로 잘라 박음선을 만든다. 머리는 본의 크기 그대로 자른다.

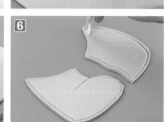

5 다리도 본보다 1cm 크게 자른다.

6 스티치 툴로 박음선을 만든다.

7 머리와 다리 조각을 물로 케이크에 붙여 패치워크 느낌을 낸다.

8 오른팔도 같은 방법으로 만들어 붙인다.

OK

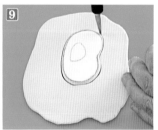

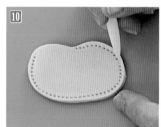

9 **10** 테디의 주둥이 부분을 자르고 역시 박음선을 만든다. 너무 작고 둥글어 스티치 툴을 사용하기 불편하다면 슈거 툴이나 이쑤시개로 꼭꼭 눌러 박음선을 만든다.

11 머리 종이 본을 이용해 정확한 자리에 주둥이 조각을 붙일 수 있다.

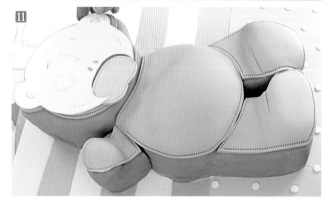

⓬ 그레이 로열아이싱과 2번 짤팁으로 케이크 가장자리를 장식한다.

⓭ 로열아이싱을 케이크 판에 짜고 핑크색으로 씌운 지름 8cm 원형 케이크를 올린다.

살짝 눌러 바닥에 잘 고정한다.

⓮ 지름 3cm의 원형 커터로 그레이 폰던 조각을 자르고 반을 나누어 테디의 귀를 장식한다.

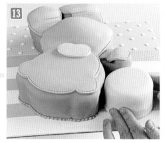

⓯ 블랙 폰던으로 눈을 만들어 붙인다.

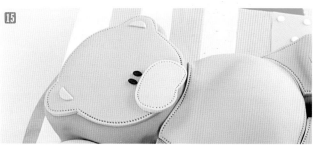

⓰ 블루 폰던으로 코를 만들어 붙인다. 짙은 그레이 폰던으로 3cm 정사각형의 조각을 만들어 머리와 몸통에 붙인다.

⓱ 블랙 로열아이싱으로 머리와 몸통에 스티치 모양을 장식한다.
테디의 사진을 참고하며 그린다.

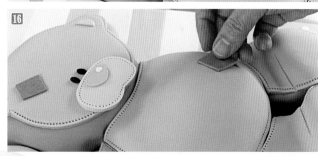

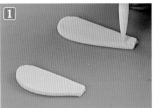

1 여러 가지 색의 모델링 반죽을 3mm 두께로 밀어 꽃잎을 자른다.

> **4가지 다른 색의 꽃잎이 각 3개씩 필요하지만 넉넉하게 만든다.**

2 핑크 모델링 반죽에 작고 둥근 화이트 반죽을 군데군데 올리고 밀대로 밀면 물방울 무늬가 생긴다.

> **꽃잎 모양으로 자른다.**

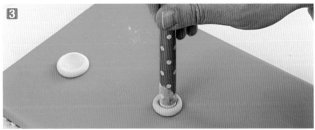

3 약 3g의 핑크 폰던과 약간의 블루 폰던으로 꽃 가운데 붙여 줄 단추를 만든다. 끝이 평평한 기구(포크 끝트 머리)를 사용해 단추 같은 모양을 만들고 이쑤시개로 중간에 4개의 구멍을 만든다.

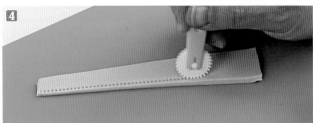

4 핑크 폰던을 3mm 두께로 밀어 꽃줄기를 자르고 박음선을 만든다.

5 단추를 물로 붙이고 꽃줄기를 이어 붙인다.

6 꽃잎을 붙인다. 꽃잎이 부드러워 모양을 지탱할 수 없다면 5~10분 정도 기다렸다 붙인다.

> **너무 건조하면 붙이다 갈라져 깨질 수 있으니 주의한다.**

7 꽃잎을 이리저리 옮겨 보며 보기 좋은 자리에 붙인다.

8 화이트 로열아이싱으로 점을 찍듯이 짜 작은 물방울무늬를 만든다.

9 식용 색소에 약간의 물을 섞어 장미꽃 그림을 그린다.

10 오른팔을 만들어 꽃줄기를 잡고 있는 것처럼 보이도록 붙인다

11 화이트 로열아이싱으로 레이스 모양을 짜 케이크판을 장식한다.

아기 공주님 침대 케이크

What You Need

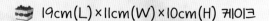

 19cm(L)×11cm(W)×10cm(H) 케이크

 36cm 케이크 판

 1.5kg 폰던

 검 반죽 500~600g

 로열아이싱

 식용 색소: 블루, 핑크, 브라운, 옐로, 골드 식용 파우더

 바로크 실리콘 몰드

 패치워크 퀼팅 커터,
타원형 커터(지름 4.5cm)

 파스타 기계, 폼 보드,
글루건, 붓, 스티치 툴,
케이크 팝 스틱(24cm)

미리 만들어 준비할 것들

침대 프레임

1 블루 검 반죽을 6~7mm 두께로 밀고 본을 이용해 두 개를 자른다.
(⇒ 검 반죽 만들기 참조)

스펀지 위에 올리고 가끔씩 뒤집어가며 완전히 건조한다. (2~3일)

2 나머지 침대 프레임도 치수대로 잘라내어 완전히 건조한다.

3 4 검 반죽을 길쭉한(24cm) 원통을 만들고 케이크 팝 스틱을 속에 넣어 침대의 기둥을 만든다. 4개를 만들어 완전히 건조한다.

침대 지붕

1 양쪽에 종이가 붙여진 폼보드를 본(Template)보다 넉넉한 크기로 자른다. 자를 대고 칼로 1cm 정도의 폭으로 금을 긋는다.

> 칼날이 폼보드 두께의 중간까지만 가도록 긋는다.

2 양손으로 잡고 금을 그은 모든 부분을 바깥쪽으로 꺾는다. 꺾인 부분 때문에 둥글게 모양을 잡을 수 있다.

> 한쪽으로만 굽기 때문에 침대 지붕을 만들려면 세 구역으로 잘라 모양을 만들어야 한다.

3 본을 대고 지붕의 양옆 부분을 자른다.

4 모양에 맞추어 글루건으로 붙인다.

5 나머지 한쪽 부분도 글루건으로 붙인다.

6 지붕 위쪽에 약간의 물을 바르고 핑크 폰던을 얇게 밀어 전체를 씌운다. 지붕의 아랫부분은 씌우지 않는다.

7 핑크 모델링 반죽을 2mm 정도의 두께로 밀어 폭 3cm의 긴 조각들로 자른다. 프릴을 만들고 자로 중간을 누른다. 라인이 생길 정도만 누른다. 짙은 핑크 모델링 반죽으로 폭 1cm의 프릴을 만들고 역시 자로 중간을 살짝 눌러 라인을 만든다.

⇒ 프릴 만들기 참조

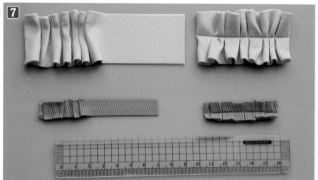

8 지붕 전체를 돌아가며 프릴을 붙인다. 물보다는 검 글루를 사용하는 것이 더 잘 붙는다. 프릴의 중앙을 슈거 툴로 누르면서 붙인다.

지붕의 네 코너는 기둥과 연결 후에 프릴을 붙일 수 있도록 공간을 남긴다.

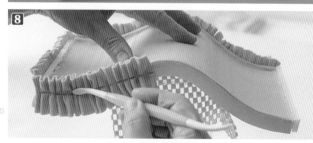

9 작은 프릴을 덧붙인다. 슈거 툴의 가느다란 부분으로 프릴의 중앙을 누르면서 붙이면 프릴이 잘 붙고 약간 중앙으로 접힌 자연스러운 모양이 생긴다.

⇒ 유튜브 영상 참조

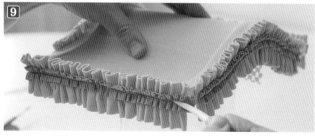

미리 만들어 준비할 것들

케이크 · 케이크 판 준비하기

1 케이크 사이를 초콜릿 가나슈로 샌드위치한다.

(19cm(L)× 11cm(w)× 10cm(H))

2 초콜릿 가나슈로 전체를 커버한다.

3 핑크 폰던으로 케이크를 씌운다.

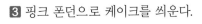

4 케이크를 35cm 케이크 판으로 옮기고 연한 노란색 폰던으로 케이크 판을 씌운다.

⇒ 케이크 준비하는 법 참조

> 부엌에서 사용하는 스펀지(표면이 거친)를 꾹꾹 눌러 카페트 같은 질감을 표현한다.

케이크 장식하기

침대 프릴 장식

1 핑크 모델링 반죽을 2mm 정도의 두께로 밀어 높이 약 4cm의 프릴을 만든다.

> 침대 아래쪽에 붙여야 하므로 여러 개 필요하다.

2 물이나 검 글루를 이용해 침대의 사이드 부분에 붙인다.

3 4 침대 머리와 다리 쪽은 미리 만들어 놓은 프레임의 모양대로 프릴을 붙인다.

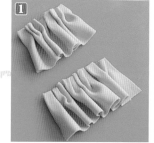

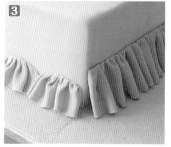

침대 프레임 장식

1 블루 모델링 반죽을 2~3mm 두께로 민다. 폭 5~6mm로 길게 잘라 프레임의 가장자리를 장식한다.

2 슈거 툴을 이용해서 장식의 중간에 라인을 만든다.

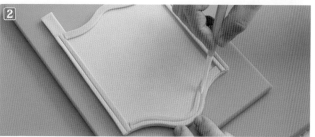

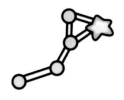

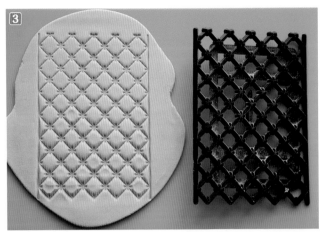

3 핑크 모델링 반죽을 3~4mm 두께로 밀고 패치워크 커터로 무늬를 찍는다.

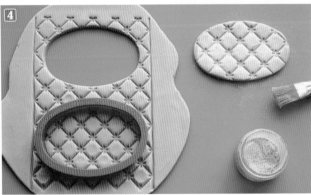

4 지름 4.5cm 타원형 커터로 찍고 식용 펄 파우더를 발라 실크 같은 광택을 낸다.

5 **6** 바로크 실리콘 몰드를 이용해 여러 가지 장식을 만든다.

⇒ 실리콘 몰드 사용법 참조

7 **8** 먼저 물이나 검 글루로 핑크색 장식을 붙이고 차례대로 만들어 놓은 바로크 장식들을 붙인다.

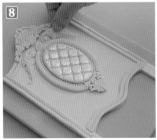

그냥
내 취향

케이크 조립하기

1 침대 케이크에 검 글루를 바르고 1분 정도 기다려 표면이 끈적해지면 침대 머리와 다리 쪽 프레임을 붙인다.

프레임 양쪽에 검 글루를 바른 후 끈적해질 때까지 잠시 기다렸다 기둥을 붙인다.

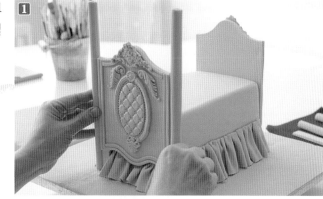

2 블루 로열아이싱으로 침대 프레임과 기둥 사이의 작은 틈을 메꾼다.

3 로열아이싱을 짜 준 후에 손가락으로 죽 훑어 작은 틈을 메꾸고 남는 아이싱을 거둬 낸다.

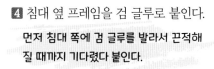

4 침대 옆 프레임을 검 글루로 붙인다.

먼저 침대 쪽에 검 글루를 발라서 끈적해질 때까지 기다렸다 붙인다.

5 나머지 프레임도 하나씩 검 글루로 붙인다.

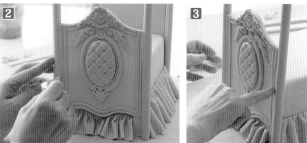
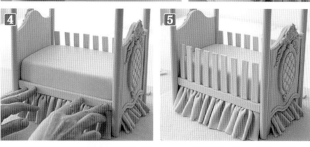

6 프레임 조각들을 치수대로 정확히 잘라도 반죽의 성질상 마르면서 길이가 짧아지는 경우가 있는데 그럴 경우엔 공간이 생긴 부위를 로열아이싱으로 메꾼다.

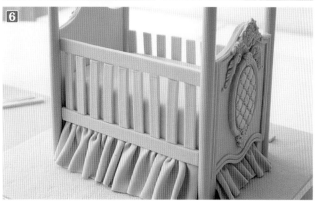

Check

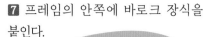 프레임의 안쪽에 바로크 장식을
붙인다.

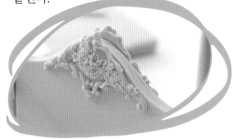

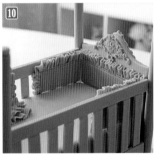

8 핑크 모델링 반죽으로 지름 7~8cm
정사각형을 자르고 짙은 핑크 모델링
반죽으로 사방에 프릴을 붙여 아기 이
불을 만든다.

8 스티치 툴로 박음질 선을 만든 후
에 가볍게 반을 접어 침대 한쪽 프레
임 위에 늘어뜨린다.

9 아기 이불을 만드는 방식으로 쿠
션 가드를 만들고 침대의 안쪽에 붙
인다.

10 핑크 모델링 반죽으로 작은 리본 4개
를 만들어 양쪽에 붙여 쿠션 가드가 침
대 프레임에 묶여 있는 것을 표현한다.

11 지붕을 올린다.

케이크를 다른 장소로 이동해야 할
때는 지붕과 케이크를 따로 가져가
조립하는 것이 안전하다.

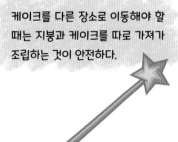

13 지붕의 빈 곳에 프릴을 달아서 완성한다.

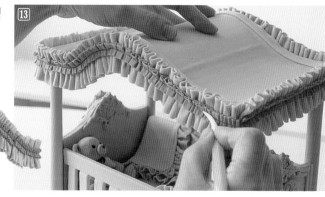

14 블루 모델링 반죽으로 침대 기둥의 머리 부분을 만든다. 반죽으로 작은 원통을 만들고 윗부분에 칼등이나 툴로 라인을 만든다. 그 위에 원뿔 모양을 만들어 붙인다.

15 기둥 머리를 지붕에 붙인다.

16 식용 골드 파우더에 보드카나 레몬 익스트랙을 섞어서 바로크 장식에 바른다.

빈티지 느낌이 나도록 튀어나온 부분만 대충 바르고 너무 많은 양을 바르지 않도록 주의한다.

17 침대와 케이크 판에 테디베어를 올린다.

⇒ 테디베어 만드는 법 참조

지붕을 만들 시간이 없다면
요렇게 만들어 보자.
지붕 없이도 예쁜 아기 침대
케이크를 만들 수 있다.

공주님 침대 케이크

What You Need

- 18cm×14cm×8cm(H) 직사각형 케이크 스펀지
- 1.5kg 폰던
- 식용 색소 : 와인 핑크, 블랙
- 식용 파우더 : 핑크, 골드
- 레몬 익스트랙 또는 보드카 약간
- 30cm 사각 케이크판
- JEM 데이지 센터 스탬프
- FMM 스트레이트 프릴 커터
- 바로크 실리콘 몰드 & 브로치 실리콘 몰드
- 폼보드
- 바로크 스텐실
- 4.5cm 타원형 커터
- 슈거 크래프트 기본 도구
- 붓, 스펀지

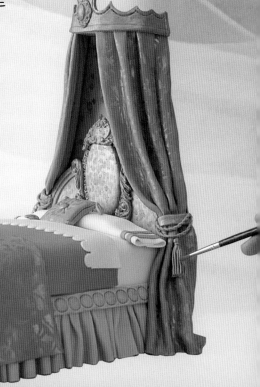

케이크 준비하기

케이크 준비하기

1 가로 18cm, 세로 14cm, 높이 8cm 케이크 시트를 30cm 케이크 판에 올리고 버터크림으로 샌드위치한 후 버터크림으로 전체를 바른다.

⇒ 케이크 준비하는 법 참조

2 폰던을 6mm 두께로 밀어 케이크를 씌운다.

3 회색 폰던으로 케이크 판을 씌우고 텍스처가 있는 스펀지로 눌러 돌 같은 질감을 만든다.
슈거 툴로 금을 그어 돌이 깔린 바닥을 표현한다.

케이크 장식하기

캐노피와 침대 머리판, 발판 만들기

1 캐노피 본을 이용해 캐노피 본체와 크라운을 자른다. 자른 캐노피의 한쪽 면과 사이드를 연한 핑크 폰던으로 씌운다. 폰던을 씌운 캐노피를 잘 말린다.

2 침대 머리판과 발판을 만들고 5mm 두께로 민 짙은 핑크 폰던으로 머리판과 발판의 한쪽 면을 커버한다.

3 머리판을 로열아이싱으로 캐노피 본체에 붙인다.

4 잘 마르도록 한쪽에 둔다.

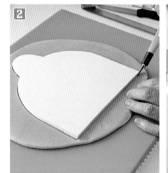

침대 머리판, 발판 장식하기

1 핑크 모델링 반죽을 두껍게 밀고 (8mm), 비닐을 반죽 위에 덮고 타원형 커터(4.5cm)로 눌러서 자른다.

2 비닐로 덮고 폰던을 자르면 단면이 각지지 않고 둥글게 된다.
두 개를 만든다.

3 브라운 모델링 반죽을 긴 끈처럼 반죽해 케이크 스무더나 자로 눌러 납작하게 만든다.

4 데이지 센터 스탬프 세트 중 가장 작은 것으로 꾹꾹 눌러 무늬를 만든다.

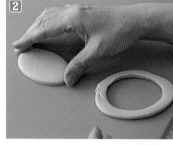

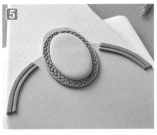 

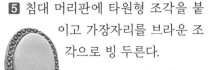

5 침대 머리판에 타원형 조각을 붙이고 가장자리를 브라운 조각으로 빙 두른다.

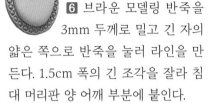

6 브라운 모델링 반죽을 3mm 두께로 밀고 긴 자의 얇은 쪽으로 반죽을 눌러 라인을 만든다. 1.5cm 폭의 긴 조각을 잘라 침대 머리판 양 어깨 부분에 붙인다.

7 브라운 모델링 반죽으로 바로크 장식을 만들어 타원형 장식 전체를 돌아가며 붙인다.

⇒ 실리콘 몰드 사용하는 법 참조

 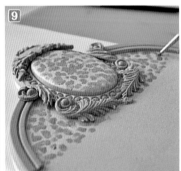

8 붓으로 펄 파우더를 침대 머리판의 둥근 장식과 브라운 사이드 장식이 내려온 부분까지 바른다.
아래쪽은 침대에 가려지므로 바르지 않는다.

9 식용 골드 파우더를 보드카나 레몬 익스트랙에 섞어서 붓으로 무늬를 그린다.

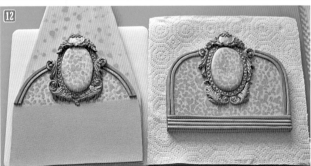

10 캐노피에도 무늬를 그린다. 일정한 무늬가 아니고 대충 흩뿌리듯이 여기저기 금색을 칠한다.
바로크 장식에도 전부 금색 칠을 한다.

11 침대 머리판의 윗부분도 꼼꼼하게 금색 칠을 해서 폼보드까지 금색으로 가린다.

12 침대 발판도 장식하고 금색 칠을 한 후 잘 말린다.

침대 장식하기

1 핑크 모델링 반죽을 얇게 민다. 파스타 머신을 사용하면 쉽게 일정한 두께의 반죽을 만들수 있다. 파스타 머신을 이용할 경우 넘버 6 또는 7의 두께가 적당하다.

손으로 밀어줄 경우에는 2mm 두께로 민다.

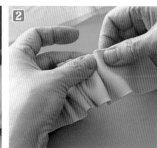

2 밀은 반죽을 침대 높이의 절반 정도의 폭으로 자른 후 주름을 잡는다.

3 붓을 이용해 주름 모양을 골고루 잡는다. 주름이 풀리지 않도록 위쪽을 작은 밀대로 누르고 알맞은 높이로 자른다.

⇒ 프릴 만드는 법 참조

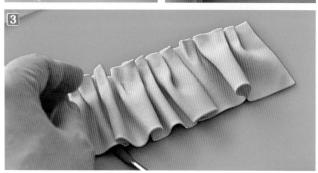

4 침대 사이드에 긴 자나 슈거 툴로 매트리스 라인을 만든다.

침대 양쪽에 물을 바르고 프릴을 붙인다.

5 핑크 반죽을 3mm 두께로 밀어 폭 1.5cm의 긴 조각을 만들고 데이지 센터 스탬프로 찍어 무늬를 만든다.

침대 프릴 위쪽에 붙인다.

6 프릴에 번지지 않도록 키친타월로 가리고 금색 칠을 한다.

7 침대 머리판에 로열 아이싱을 짜 주고 침대에 붙인다. 손으로 지그시 눌러 떨어지지 않도록 잠깐 기다린다.

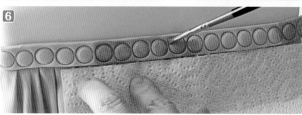

8 캐노피에 크라운을 끼우고 크라운이 움직이지 않도록 로열아이싱이나 글루건으로 고정한다.

이불 만들기

1 흰색 모델링 반죽을 얇게(2mm) 밀고 21×17cm로 잘라 침대 시트를 만든다. 한쪽을 프릴 커터로 잘라서 모양을 내고 이쑤시개 5개를 고무줄로 묶은 것으로 꼭꼭 눌러 레이스 느낌을 낸다.

2 짙은 핑크 모델링 반죽을 얇게 밀고 21×13cm 크기로 자른 것을 침대 시트 위에 올린다.

3 시트 윗부분을 밖으로 접어 올리고 남는 부분이 있다면 잘라 모양을 정리한다.

4 침대 위에 이불을 올리고 양쪽에 늘어지는 부분이 비슷하도록 맞춘 후에 이불을 한 쪽씩 들어 올려 물을 발라 침대에 고정한다.

할 수 있다!

캐노피 커튼 만들기

1 핑크 모델링 반죽을 2mm 두께로
밀고 16×12cm 크기로 자른다. 반죽
위에 쇼트닝을 얇게 바르고 바로크
스텐실을 위에 올리고 골드 식용 파
우더로 무늬를 만든다.

⇒ 영상 참조

2 무늬가 망가지지 않도록 조심하며
주름을 잡는다.

3 커튼의 한쪽 끝을 오므려 뭉쳐 침
대 머리와 캐노피에 물로 붙인다.

4 캐노피 위쪽의 커튼도 같은 방법
으로 만든 후 크라운에 검 글루를 바
르고 커튼을 붙인다. 커튼의 무게 때
문에 찢어질 수 있으니 반죽을 얇게
밀어 만든다.

5 꼼꼼하게 붙이
고 위쪽에 남은
부분을 칼로 자른다.

6 핑크 모델링 반죽
을 길게 잘라 커튼 홀더를
만들어 붙인다.

7 핑크 모델링 반죽을 얇게 밀
어 33×17cm로 자르고 반쪽
만 스텐실로 바로크 무늬
를 만들어 패턴이 있
는 쪽이 위로 오도록
반으로 접는다.

8 침대 양쪽에 비슷한 길이로 늘어
뜨리고 한 쪽씩 들어 올려 물을 발라
고정한다.

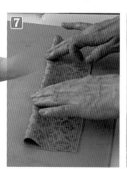

왕관 장식 만들기

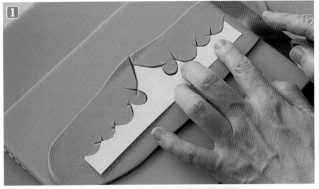

1 브라운 모델링 반죽을 5mm 두께로 밀고 왕관 본을 대고 칼로 자른다.

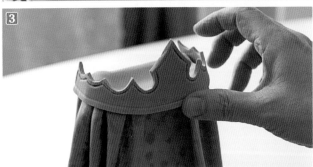

2 슈거 툴로 왕관 위쪽 가장자리에 금을 긋는다.

> 아래쪽에도 라인을 긋는다.

3 커튼의 윗부분이 가려지도록 왕관을 붙인다.

> 크라운의 윗부분을 얇은 핑크 반죽으로 덮어 폼보드와 커튼의 위쪽이 보이지 않도록 가린다.

4 실리콘 몰드로 브로치를 만들어 왕관에 붙이고 골드파우더를 왕관 전체와 브로치 가장자리에 바른다.

> 브로치 보석에는 핑크 펄 파우더를 바른다.

베게와 쿠션 만들기

1 흰색 모델링 반죽을 얇게(2mm) 밀어 18×19cm 크기로 자른 다음, 기다란 핑크 조각을 양 끝에 올리고 밀대로 눌러 완전히 달라붙게 만든다.

남은 부분을 칼로 자른다.

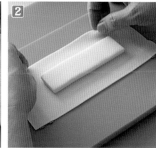

2 폰던으로 두께 1cm 가로 12cm × 세로 2.5cm 크기의 베게 속을 만든다. 베게 커버를 뒤집고 베게 속을 가운데 붙인 후에 양쪽을 접어 감싼다.

3 뒤집으면 **3**과 같은 모양이 된다.

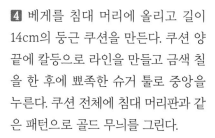

베게 속을 너무 높게 만들면 무거워 보이니 주의하도록 한다.

4 베게를 침대 머리에 올리고 길이 14cm의 둥근 쿠션을 만든다. 쿠션 양 끝에 칼등으로 라인을 만들고 금색 칠을 한 후에 뾰족한 슈거 툴로 중앙을 누른다. 쿠션 전체에 침대 머리판과 같은 패턴으로 골드 무늬를 그린다.

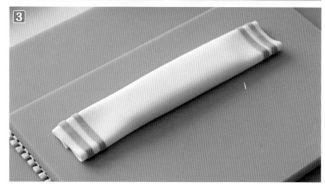

5 핑크 모델링 반죽으로 가는 줄을 만들고 두 개를 같이 꼬아 커튼 홀더 위에 붙인다. 브라운 반죽에 칼로 여러 개의 라인을 그어 커튼 술처럼 만들어 노끈 아래 붙이고 금색 칠을 한다.

핑크 쿠션을 올리고 미니 술을 단다.

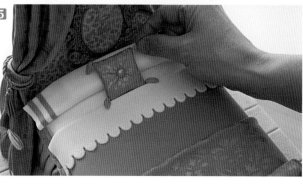

공주님 침대 케이크

크리스마스 케이크

What You Need

- 18cm×14cm×8cm 케이크 스펀지
- 1.5kg 폰던
- 500g 검 페이스트
- 18cm×14cm 케이크 판 또는 폼보드
- 30cm 케이크 판
- 식용 색소: 브라운, 핑크, 블루, 그린, 레드, 블랙, 옐로
  식용 골드 파우더, 식용 글리터
- 식용 펜
- 진저쿠키
- 라이스 크리스피 크리스마스 트리
- 윌튼 352번 깍지
- 미니 하트 커터
- 2cm 사각 커터
- 로열아이싱
- 슈거 크래프트 기본 도구

케이크 준비하기

1 18×14cm 케이크판이나 폼보드에 버터크림을 바른다.

2 같은 크기의 케이크 스펀지를 올리고(케이크 높이 8cm) 케이크를 버터크림으로 샌드위치한 후 케이크 전체를 버터크림으로 바른다.

⇒ 케이크 준비하는 법 참조

3 케이크를 폰던으로 씌우고 긴 자를 이용해 가장자리에 매트리스 라인을 만든다.

케이크 판 만들기

1 케이크 판을 폰던으로 씌우고 자를 이용해 긴 라인을 만든 후 슈거 도구로 나무 바닥처럼 금을 긋는다.

칼등으로 죽죽 그어 나뭇결무늬를 만든다.

2 브라운 식용 색소에 물을 섞어 보드에 바른다. 움푹 파인 곳에 색소가 잘 들어가도록 바른다.

물은 많이 사용하지 않는 것이 좋다.

3 큰 붓을 물에 적신 후 손으로 물을 짠다. 물에 적신 붓으로 방금 칠한 물감을 닦는다. 물감을 닦고 다시 붓을 물에 씻어 반복해 닦는다. 짙은 물감을 거둬 내면 나뭇결이 더 선명하게 드러난다. 완전히 말린다.

4 낡은 마룻바닥을 표현하기 위해 잘 마른 케이크 판에 녹말가루를 뿌린다. 녹말가루를 얇은 다시백 같은 자루에 넣으면 편리하게 사용할 수 있다.

5 붓으로 녹말가루를 턴다.

녹말가루로 부드러운 색감을 낼 수 있다.

침대 만들기

러그 만들기

1 그린 모델링 반죽을 3mm 두께로 밀고 19×11cm 크기로 잘라 러그를 만든다.

2 러그 양 끝에 라인을 두 개씩 만들고 칼로 잘게 자른다.

3 러그를 케이크 판에 깔고 케이크를 올린다.

침대 프레임 만들기

1 브라운 검 반죽을 6~7mm 두께로 밀고 침대 프레임 본대로 침대 머리판과 발판을 자른다.

⇒ 검 반죽 만드는 법 참조

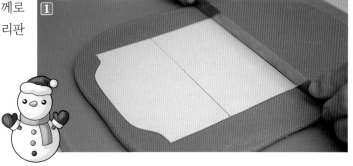

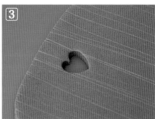

2 칼등으로 금을 그어 나뭇결을 표현한다.

3 침대 머리판과 발판에 작은 하트 커터로 하트 모양의 구멍을 뚫는다.

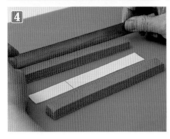
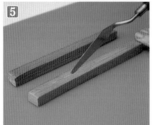

4 검 페이스트를 1.5cm 두께로 밀고 본을 대고 침대 프레임 기둥을 자른다.

> 머리판 양쪽에 두 개와 발판 쪽 두 개를 만든다.

5 칼등이나 팔레트 나이프로 금을 그어 나뭇결을 표현한다.

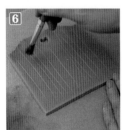
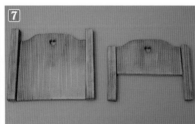

6 짙은 브라운과 전분을 적당히 섞어 침대 프레임을 더스팅 한다.

7 평평한 곳에서 완전히 말린다.

8 로열아이싱을 침대 머리 쪽에 넉넉히 짠다.

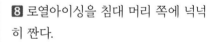

9 잘 마른 머리판을 중앙에 붙인다. 손을 바로 떼지 말고 지그시 누르며 잘 붙을 때까지 잠시 기다린다.

10 로열아이싱을 케이크에 바르고 머리판 양옆에 기둥을 붙인다.

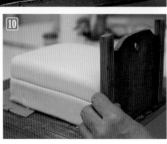

⓫ 먼저 침대 발판을 지탱해 줄 수 있도록 이쑤시개 3개를 케이크에 꽂는다.

로열아이싱을 케이크에 넉넉하게 짠다.

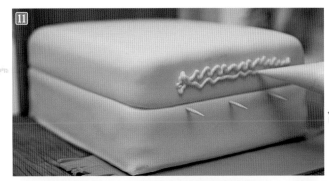

⓬ 발판과 기둥을 붙인다. 1시간 정도 기다리면 발판이 케이크에 잘 붙어 이쑤시개를 제거해도 되지만, 발판이 떨어질까 걱정된다면 이쑤시개를 발판 두께까지 더 깊이 밀어 넣으면 발판이 떨어질 염려가 없다.

케이크를 받는 분께 꼭 알려야 한다.

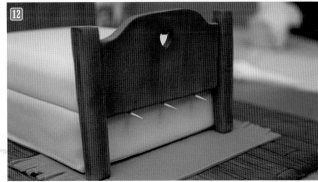

침대 밸런스 만들기

❶ 블루 모델링 반죽을 2mm 두께로 밀고 약 5cm 폭으로 길게 잘라 주름을 잡는다.
⇒ 프릴 만드는 법 참조

❷ 매트리스 라인을 따라서 밸런스를 붙인다. 침대 발판 아래쪽에도 밸런스를 붙인다.

❸ 두 개의 둥근 반죽을 붙여 기둥 위를 장식한다.

1 2 3 라이트 브라운 모델링 반죽 17g을 달걀 모양으로 빚고 가는 붓대를 이용해 코가 들어갈 자리를 만든다. 뾰족한 슈거 도구로 입을 만든다.

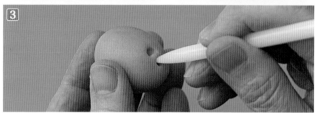

4 식용 펜으로 감은 눈과 눈썹을 그린다.

5 6 브라운 반죽과 핑크 반죽을 겹친 후 둥근 슈거 도구로 눌러 쥐의 귀를 만든다. (약 5g) 핑크 반죽으로 코를 만든다.

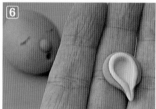

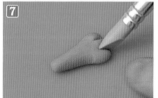

7 8 약 6g의 반죽으로 물방울같이 만들고 두꺼운 쪽을 눌러 손을 만든다.

3개의 생쥐 머리와 손을 만든다.

9 폰던 약 20g으로 베게를 만들어 가운데를 눌러서 머리가 놓일 자리를 만든다.

물로 침대에 붙인다.

10 생쥐의 머리를 먼저 붙이고 귀를 적당한 자리에 붙인다.

11 약 15g 브라운 반죽으로 몸통을 만든다. 이불로 가려지기에 대충 만들어도 되지만, 너무 두껍게 만들지 않아야 한다.

제일 작은 쥐 옆에 작은 곰돌이 인형을 손과 함께 붙인다.

이불 만들기

1 핑크 모델링 반죽을 2mm 두께로 밀고 23×15cm 크기로 자른다. 2cm 사각 커터로 세 가지 색의 작은 조각을 잘라 조각 이불을 만든다.

조각을 붙이는 동안 반죽이 마르지 않도록 랩을 덮는다.

2 작은 스티치 툴로 박음선을 만들고 가장자리에 남은 핑크 반죽은 0.5mm 정도만 남기고 자른다. 빨리 하지 않으면 반죽이 말라 생쥐를 덮을 때 갈라질 수 있으니 주의한다.

3 생쥐 위에 이불을 덮는다.

침대 양옆으로 늘어지는 부분이
대칭이 맞도록 조절해 주고 물로
붙인다.

4 얇은 핑크 반죽을 폭 8×23cm로
잘라 양쪽을 중앙으로 접은 후 뒤집
는다.

5 이불 위에 붙이고 생쥐의 팔을 붙
인다.

램프 스탠드 만들기

1 4×4×7cm 크기의 케이크에 버터크
림을 바르고 같은 크기의 작은 케이
크 판에 올려 블루 폰던으로 씌운다.

2 4.5×4.5cm 사각 조각을 잘라 상
판으로 붙이고 작은 조각 두 개를 만
들어 서랍과 문을 만들어 붙인다.

조그맣고 둥근 볼로 손잡이를 만들어 붙인다.

3 브라운 식용 파우더로 더스팅 하
고 로열아이싱을 케이크 판에 짜고
램프 스탠드를 올린다.

촛대 만들기

1 2 3 레드 모델링 반죽을 블루베리 크기로 동그랗게 뭉쳐 아크릴판이나 케이크 스무더로 눌러 촛대 밑받침을 만든다. 레드 반죽 10g 정도를 원통형으로 만들고 위아래를 손으로 눌러 평평하게 만든다.

4 촛대를 촛대 받침에 붙이고 화이트 모델링 반죽으로 초를 만든다. 초와 촛대에 드라이 스파게티를 꽂는다.

5 6 초를 촛대 위에 물로 붙이고 옐로 반죽으로 불꽃 모양을 만들어 스파게티에 꽂는다. 불꽃에 레드 식용색소를 바르고 로열아이싱을 촛농 모양으로 짠다.

⇒ 영상 참조

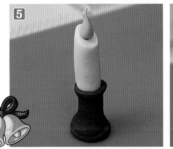

7 촛대를 램프 스탠드에 올린다.

8 가는 붓으로 조각 이불에 무늬를 그린다. 핑크색 꽃무늬를 그리고 브라운색으로 물결무늬를, 화이트로 줄무늬를 그린다.

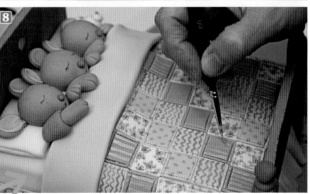

크리스마스 트리 만들기

1 크리스마스 트리는 마시멜로와 라이스 크리스피 시리얼을 섞어서 만든다.

⇒ 라이스 크리스피 만드는 법 참조

2 라이스 크리스피를 굳힌 다음 그린 폰던으로 씌운다. 만들어 놓은 진저 쿠키 위에 로열아이싱으로 붙인다.

3 윌튼 352번 깍지로 로열아이싱을 트리에 짠다. 로열아이싱의 농도를 되직하게 만들어야 이파리의 모양이 늘어지지 않는다.

4 꼭대기에 작은 별 쿠키나 모델링 반죽으로 만든 별을 달고 로열아이싱이 굳기 전에 작은 설탕 장식을 여기저기 붙인다. 식용 글리터를 뿌려서 완성한다.

침대 발판에 트리를 짜고 남은 로열아이싱으로 잎 장식을 짜고 레드 모델링 반죽으로 리본 두 개를 만들어 장식한다. 리본 가장자리에 식용 골드 파우더를 바른다.

What You Need

- 지름 23cm 사각 케이크 또는
  스위스롤 팬에 구어진 케이크 시트
- 1.5kg 폰던
- 로열아이싱 & 로열아이싱 미니 장미
- 22cm×19cm 사각 케이크 판
  30cm 사각 케이크 판
- 식용 색소: 그린, 핑크, 블랙, 블루, 화이트, 브라운 식용 파우더
- 폼보드 & 두꺼운 투명 비닐
- 바로크 실리콘 몰드 & 장미 실리콘 몰드
- JEM 스트립 커터 No 2 & 데이지 센터 스탬프
  JEM 리프 리본 커터
- PME 데이지 플런저
- 사각 커터: 4cm, 1.6cm, 1.3cm
- 윌튼 파이핑 깍지 12&16
- PME 67(잎) & 42(별)
- 지름 3.5cm 쿠키 3개
- 슈거 크래프트 기본 도구

케이크 준비하기

1 폼보드나 케이크 판을 22×9cm 크기로 자르고 녹인 초콜릿이나 초콜릿 가나슈를 바른다.

케이크 판에 판과 같은 크기의 케이크 시트를 올린다.

2 케이크 시트를 초콜릿 가나슈로 샌드위치하면서 다섯 장까지 올린다.

3 4 시트가 움직이지 않고 윗부분의 무게도 견딜 수 있도록 지지대 역할을 하는 버블 티 스트로를 꽂는다. 꽂고 위에 남는 부분은 가위로 자른다. 케이크 위에 다시 가나슈를 바르고 케이크 시트를 더 올려 19~20cm 정도 높이가 되도록 만든다.

5 케이크 전체를 가나슈로 바른다. 이런 디자인의 케이크는 버터크림보다는 초콜릿 가나슈를 사용하는 것이 모양을 지탱하는 데 도움이 된다.

⇒ 케이크 준비하는 법 참조

6 가나슈가 어느 정도 굳으면 케이크와 동일한 크기의 케이크판을 케이크 한 쪽에 붙인다. 케이크 판으로 인해 안전하게 케이크를 장식할 수 있다.

7 8 연한 그린 폰던을 5mm 두께로 밀고 케이크 양옆 면의 크기대로 잘라 붙인다. 줄자로 케이크의 크기를 재고 폰던을 조금 크게 잘라 사용한다. 폰던을 자르면 크기가 줄어드는 경우가 있기 때문이다. 슈거 스무더로 문질러 매끈하게 붙인다.

가나슈가 굳어 폰던이 붙지 않으면 가나슈에 붓으로 물을 바르고 폰던으로 덮는다.

9 끝에 남은 부분은 날카롭고 작은 칼로 자른다.

10 윗부분도 같은 방법으로 폰던으로 덮는다.

11 케이크 판이 붙어 있는 쪽을 아래로 가게 하고 그 반대편을 폰던으로 덮는다.

폰던 위에 종이 포일을 깐다.

12 종이 포일 위에 여분의 케이크판을 올린다. 아래와 위 케이크판을 잡고 케이크를 뒤집는다.

⇒ 영상 참조

종이를 깔면 폰던이 케이크 판에 의해 무늬가 생기거나 다른 것들이 묻을 염려가 없다

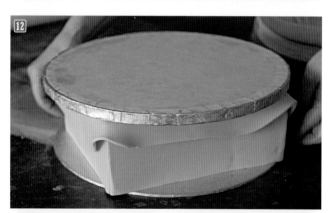

13 위에 덮인 폰던이 아래로 내려가 있기에 케이크의 크기대로 쉽게 자를 수 있다. 크기대로 깔끔하게 자르고 케이크 판이 붙은 쪽도 폰던으로 덮는다.

14 양쪽 모두 스무더로 깔끔하게 마무리한 후에 커버되지 않은 케이크판이 있는 쪽이 아래로 가도록 세운다. 케이크가 마르기를 기다리는 동안 30cm 사각 케이크 판을 연한 회색으로 씌워 말린다.

케이크 진열장 만들기

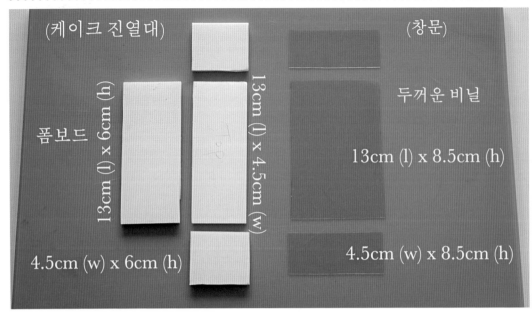

(케이크 진열대)

(창문)

폼보드

13cm (l) x 6cm (h)

13cm (l) x 4.5cm (w)

4.5cm (w) x 6cm (h)

두꺼운 비닐

13cm (l) x 8.5cm (h)

4.5cm (w) x 8.5cm (h)

케이크 진열대는 치수대로 폼보드를 잘라 글루건으로 붙여서 한 쪽이 열린 박스를 만든다. 창문에 유리로 사용할 두꺼운 비닐은 흔히 볼 수 있는 투명 플라스틱 박스를 잘라 사용하면 된다. 깨끗이 씻어서 치수대로 자른다.

진열대 만들기

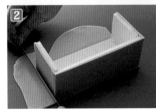

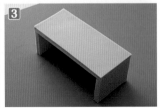

1 박스를 모델링 반죽으로 씌운다. 연한 그린 모델링 반죽을 3mm 두께로 민다. 박스 전체에 쇼트닝을 얇게 바른다.

쇼트닝이 없다면 물을 사용해도 좋다.

2 박스를 반죽 위에 올려 크기대로 자르면 간단하게 붙일 수 있다. 먼저 박스의 양옆에 붙이고, 다음으로 넓은 면에 붙인다.

3 손으로 만져도 자국이 생기지 않을 정도까지 완전히 말린다.

4 모델링 반죽을 3mm 두께로 밀고 얇고 긴 조각을 여러 개 자른다.

> JEM 스트립 커터 2번을 사용하면 편하게 여러 개의 조각을 한 번에 만들 수 있다. 박스의 앞면과 옆면을 장식한다.

5 바로크 실리콘 몰드나 바로크 커터로 장식을 만들어 붙인다.

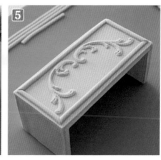

창문 만들기

1 모델링 반죽을 3mm 두께로 밀고 폭 6~7mm의 긴 조각으로 여러 개 자른다.

2 두꺼운 비닐에 물이나 검 글루를 바르고 긴 조각으로 창문틀을 만든다. 뒤집어 다른 쪽에도 창문틀을 만든다. 나머지 비닐도 창문틀을 만들고 완전히 말린다.

3 완전히 마른 창문에 그린 로열아이싱을 짠다.

4 작은 유리창을 큰 창에 붙인다.

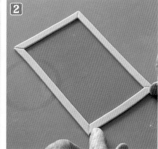

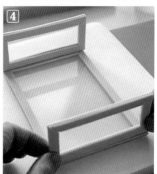

5 로열아이싱이 완전히 마를 때까지 기다린 후에 사용한다.

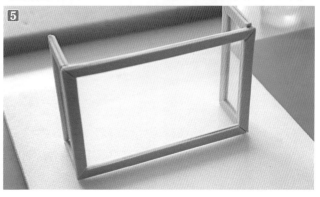

미니 마카롱 타워 만들기

1 모델링 반죽 40g을 높이 약 7~8cm 크기로 빚는다.

2 핑크 모델링 반죽을 5mm 두께로 밀고 위에 얇은 비닐을 덮는다. No 12 파이핑 깍지로 여러 개의 마카롱을 찍는다. 그린 마카롱도 여러 개 만든다.

> 위에 덮인 비닐로 인해 모양이 둥글게 만들어져 진짜 마카롱같이 보이게 만들 수 있다.

3 화이트 반죽으로 작은 접시를 만들어 타워를 위에 붙이고 타워 전체에 검 글루나 물을 바른다.

45 미니 마카롱을 집게로 타워에 붙인다. 타워 꼭대기에 리본을 만들어 붙이고, 잘 말린다.

미니 웨딩 케이크 만들기

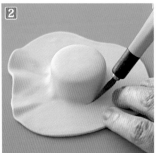

1 지름 3.5cm의 쿠키 세 개를 로열아이싱으로 샌드위치하고 완전히 말린다.

2 블루 폰던으로 쿠키를 씌운다.

3 블루와 화이트 모델링 반죽을 두껍게 밀어 둥근 커터로 미니 케이크의 중간단과 윗단을 만든다. 가장자리를 로열아이싱으로 장식한다. (별깍지 42)

4 미니 로열아이싱 장미로 장식한다.

완전히 건조한다.

케이크에 진열장 연결하기

1 케이크를 케이크 판에 올린다. 먼저 로열아이싱을 케이크 판에 짜고 케이크 판의 중앙에서 조금 뒤편에 케이크를 세운다. 핑크 모델링 반죽으로 진열장의 벽을 만든다. (13×8.5cm)

식용 펜으로 깃발을 달 줄을 긋는다.

2 화이트 모델링 반죽을 얇게 밀어 세모로 자르고 식용 색소로 여러 가지 무늬를 그린다. 색소가 마르면 물로 진열장 벽에 붙인다.

3 진열대를 케이크 판과 케이크에 로열아이싱으로 붙인다.

4 웨딩 케이크와 마카롱 타워도 로열아이싱으로 진열대에 붙인다.

5 로열아이싱을 창문이 자리할 진열대에 짜고 벽과 연결되는 창문에도 짠다. 창문을 진열대에 올리고 창문 연결 부분이 떨어지지 않게 조심스럽게 붙인다.

창문 위쪽의 덮개는 로열아이싱이 마른 후에 붙일 것이다.

케이크 장식하기

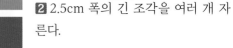

1 그린 폰던을 4mm 두께로 밀고 JEM 스트립 커터 No 2로 살짝 눌러서 줄무늬를 만든다.

너무 세게 누르면 잘리니 조심한다.

2 2.5cm 폭의 긴 조각을 여러 개 자른다.

3 케이크 뒤편과 옆쪽을 돌아가며 장식한다.

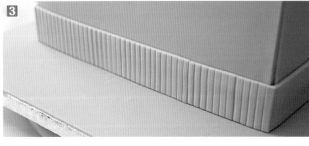

4 그린 모델링 반죽을 3mm 두께로 밀고 1.6cm 사각 커터로 여러 개의 타일을 만든다.

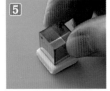  

5 6 7 1.3cm 사각 커터로 타일에 라인을 만들고 데이지 플런저로 꽃무늬를 찍는다.

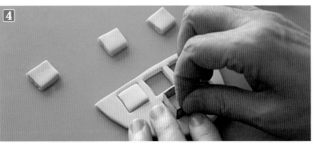

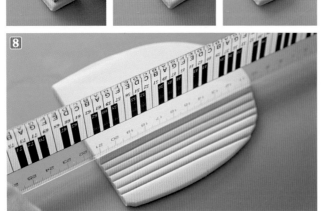

8 긴 자의 좁은 끝을 이용해 모델링 반죽에 여러 개의 라인을 만든다.

반복되는 6일상

⑨ 폭 1cm 정도의 긴 조각으로 자른다.

⑩ 케이크 양쪽 사이드에 타일과 긴 조각들을 붙인다.

⑪ 케이크 양 사이드와 뒷면을 장식한다.

케이크 숍 뒤에 창문 만들기

① 핑크 모델링 반죽을 3mm 두께로 밀고 1.3cm 사각 커터로 창문을 만든다.

② 여섯 개의 사각 창을 만들고 가장자리를 잘라 긴 창문을 만든다.
(6×4.5cm)

③ 칼등으로 살짝 눌러 창문 중앙에 라인을 만든다.

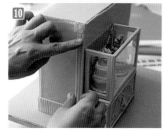

살짝~

④⑤ 블랙 폰던을 얇게 밀어 창문 뒤에 붙여 창문의 백그라운드를 만든다.

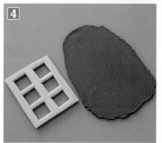

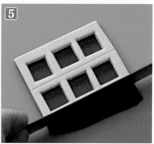

6 두 개의 창문을 건물의 뒷면에 붙인다.

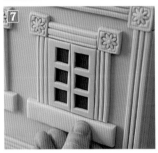

7 8 가장자리를 사각 타일과 창문 프레임으로 장식하고 라인이 없는 창문턱을 만들어 창 아래에 붙인 후에 바로크 장식을 창문 위쪽에 붙인다.

케이크 숍 문 만들기

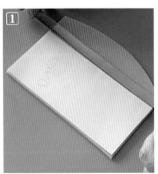
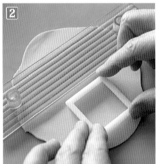

1 핑크 모델링 반죽을 5mm 두께로 밀고 13×6cm 크기로 자른다.

2 핑크 반죽을 얇게 밀고 스트립 커터로 긴 조각들을 만든다.

4cm 사각 커터로 두 개의 조각을 자른다.

3 문에 잘라낸 조각들을 붙여 장식한다.

4 핑크 모델링 반죽을 팥 알갱이 크기로 동글게 빚어 JEM 데이지 센터 스탬프로 무늬를 만들어 문손잡이를 완성한다.

5 6 문에 팥알 크기의 작은 반죽을 동글게 빚어 문손잡이 자리에 붙이고 손가락으로 눌러 납작하게 만든 위에 물을 바르고 문손잡이를 붙인다.

7 문을 케이크에 붙이고 가장자리를 타일과 프레임으로 장식한다.

진열장 마무리 하기

1 진열장 위에 폼보드로 만든 지붕을 덮고 가장자리를 장식으로 덮는다.

2 바로크 장식을 붙인다.

3 실리콘 장미 몰드로 만든 장미를 진열장 아래쪽에 붙인다.

간판과 건물 윗부분 장식하기

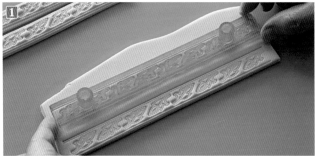

1 그린 모델링 반죽을 5mm 두께로 밀고 JEM 리프 리본 커터로 무늬를 찍은 후에 칼로 자른다.

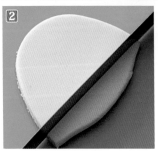 

2 3 타원형 커터로 6mm 두께의 그린 모델링 반죽을 자르고 바로크 장식을 붙인 후에 양옆을 잘라 모양을 만든다.

4 건물 뒤편 중앙에 붙인다.

5 양옆에 미리 준비해 놓은 장식 조각을 건물의 앞쪽만 빼고 빙 둘러 가며 붙인다.

6 건물 앞면은 간판으로 가려지기 때문에 리프 무늬가 찍히지 않은 긴 조각을 세우고 로열아이싱을 짠다.

7 폼보드로 간판을(22×5cm) 만들고 모델링 반죽으로 씌운 후에 알파벳 커터로 가게 이름을 만들어 붙인다.

> 양 코너에 바로크 장식도 붙이고 간판 둘레는 로열아이싱으로 짜 장식한다.

8 뒤편에 만들어 붙인 장식과 비슷하게 만들어 간판 위쪽에 붙인다.

창틀에 꽃 장식하기

1 약 25g의 폰던을 모양으로 빚어서 창틀에 붙인다. 꽃을 풍성하게 표현하기 위해 필요한 과정이다.

2 PME 67 잎 깍지로 녹색 잎을 짠다. 짤주머니에 짙은 색과 연한 색의 그린 로열아이싱을 함께 넣어 색을 만든다. 아래쪽 반죽이 보이지 않도록 완전히 커버한다.

3 작은 별 깍지(42번)로 꽃을 짠다.

4 짙은 핑크와 연한 핑크 두 가지 색 꽃을 짠다. 케이크 전체를 보면서 건물의 다른 부위도 꽃 넝쿨을 짠다.

케이크 마무리하기

1 브라운 더스팅 파우더로 케이크 전체를 더스팅 한다.

> 이 작업이 꼭 필요한 것은 아니지만 케이크에 명암을 넣으면 훨씬 더 생동감이 생기고 사실적으로 보인다.

2 붓은 부드럽고 크기가 있는 것이 좋다. 붓에 파우더를 묻히고 대충 털어 낸 후에 케이크에 더스팅 한다.

3 더스팅이 끝나면 화이트 식용 색소를 케이크 여기저기에 바른다.

4 화이트 반죽을 작게 잘라 사인을 만들고 꽃에 사용하는 흰 철사나 실을 붙여 사인을 완성한다. 사인을 문에 붙이고 식용 금색으로 문손잡이를 칠한다.

칠판 입간판 만들기

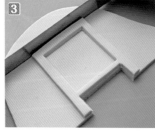

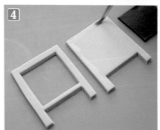

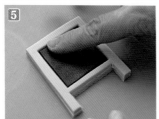

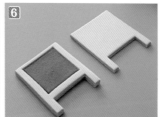

1 지름 4cm 사각 커터를 이용해서 입간판을 만든다. 먼저 그린 모델링 반죽을 5mm 두께로 밀고 커터로 한쪽을 자른다.

2 커터로 잘라낸 곳을 기준해서 간판 모양으로 자른다. 간판 중앙을 다시 4cm 커터로 찍는다.

3 중간이 빈 간판을 반죽 위에 올리고 간판의 모양대로 자른다.

4 4cm 커터로 칠판 조각을 만든다. 간판이 되는 두 조각을 물을 발라 붙인다.

5 중앙에 칠판 조각을 붙인다.

6 핑크 모델링 반죽으로 간판을 하나 더 만들고 완전히 건조한다.

7 잘 마른 그린 간판 조각에 그린 로열아이싱을 짠다.

8 핑크 조각을 붙인다. 반쯤 말랐을 때 간판 위 연결 부분에 로열아이싱을 짠다.

9 모든 부분이 완전히 마르면 바로크 장식을 붙이고 붓이나 펜으로 칠판을 장식한다.

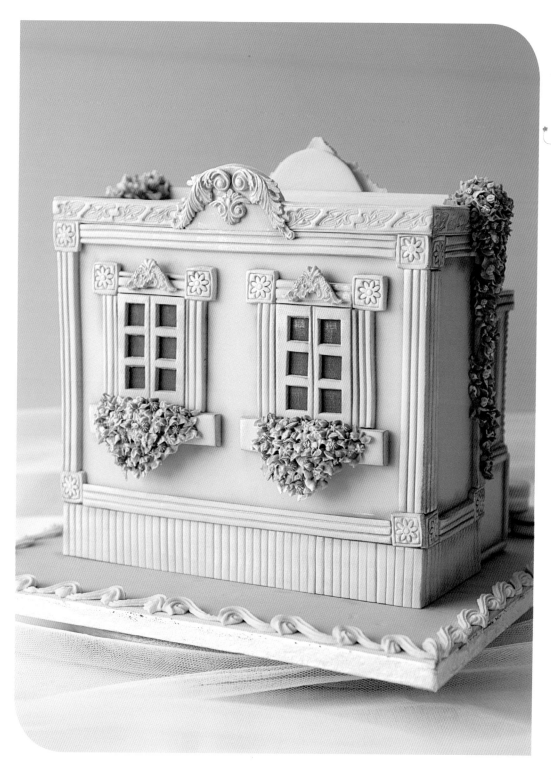

케이크 숍 케이크

사랑스러운 캐릭터로 마음을 사로잡는 슈거케이크

- 다양한 캐릭터를 입체적으로 표현한
테디베어, 드레스 인형 케이크 등 -

3

테디베어 인형 케이크

What You Need

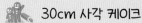

- 30cm 사각 케이크
- 지름 30cm 케이크 판
- 500g 라이스 크리스피 또는 쌀튀밥
- 500g 마시멜로
- 2kg 폰던
- 식용 색소 : 핑크, 브라운, 옐로, 블랙, 그린
- 식용 파우더: 핑크
- 표면이 거친 수세미
- 슈거 크래프트 기본 도구
- 스티치 툴
- 벚꽃 커터
- 버블티 스트로

케이크 준비하기

1 30cm 사각 케이크에서 지름 13cm 원형 두 개와 지름 10cm 원형 한 개를 자른다. 초콜릿 가나슈로 샌드위치해서 17~18cm 정도의 높이를 만든다.

⇒ 가나슈 만드는 법 참조

2 작은 톱니 칼로 다듬어 테디베어의 바디 모양을 만든다. 폰던을 씌우고 나면 훨씬 커지기 때문에 케이크를 다듬을 때는 완성하기 원하는 크기보다 작아야 한다.

3 케이크 전체를 초콜릿 가나슈로 마감한다.

⇒ 케이크 준비하는 법 참조

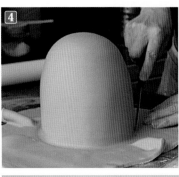

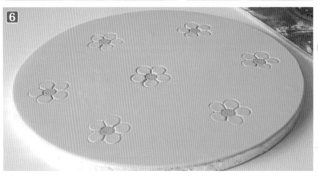

4 옐로 색소에 짙은 브라운 색소를 섞어 테디베어 브라운 폰던을 만든다. **폰던을 5mm 두께로 밀어 케이크를 씌운다.**

5 표면이 거친 설거지용 스펀지(물론 새것을 사용한다)로 케이크 표면을 눌러 울퉁불퉁한 표면을 표현한다.

6 지름 30cm 케이크 판을 옐로 폰던으로 씌우고 벚꽃 커터로 7개의 꽃을 찍어 케이크 판에서 들어낸다. 들어낸 자리에 핑크색 꽃을 끼운다.

하루 정도 완전히 말린다.

테디베어 머리 만들기

1 쌀튀밥과 마시멜로 믹스로 테디의 머리를 만든다.

⇒ 라이스 크리스피 만들기 참조

가로 10cm, 두께 5cm로 둥글게 뭉치고 쌀튀밥 믹스로 지름 약 4cm 원형 볼을 만들어 앞쪽에 붙여 테디의 주둥이를 만든다.

모양이 매끄럽지 않은 부분은 폰던으로 구멍을 메꾼다.

2 폰던을 5mm 두께로 밀어 머리를 씌우고 스펀지로 눌러 질감을 만든다.

3 둥근 툴로 눈과 코가 들어갈 자리를 만들고 슈거 툴로 입을 그린다.

팔, 다리 만들기

1 케이크 스펀지를 다듬어 테디의 다리를 만든다. 다리(길이 10cm)에 가나슈를 바르고 케이크 조각(지름 5cm 원형)으로 만든 발바닥을 붙인다.

⇒ 영상 참조

2 다리 전체에 가나슈를 바르고 브라운 폰던 30g을 길게 빚어 테디의 발 위에 올린다.

3 폰던으로 씌우고 다리 가장자리에 늘어진 폰던을 안쪽으로 밀어 넣어 깔끔하게 정리한다.

스펀지로 눌러 질감을 표현한다.

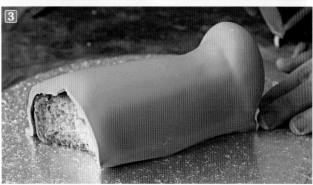

4 쌀튀밥 믹스로 길이 11cm 정도의 팔 모양을 만든다. 어깨 쪽을 가늘게 만든다.

5 폰던으로 씌우고 스펀지로 질감을 만든다.

케이크 장식하기

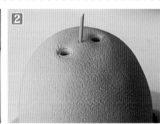

1 테디의 보디를 케이크 판에 올리고 머리를 연결할 긴 대나무 꽂이를 꽂은 후 머리의 무게를 지탱할 지지대로 버블티 스트로를 두 개 꽂는다.

2 가위로 버블티 스트로의 남는 부분을 자른다.

3 폰던이 덮이지 않은 다리 한쪽 끝에 초콜릿 가나슈를 바르고 몸통에 연결한다.

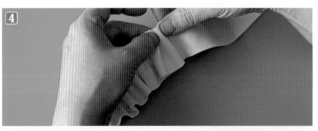

4 흰색 모델링 반죽을 얇게 밀어 속바지를 만든다. 길게 자른 조각으로 폭 4cm 정도의 프릴을 만든다.

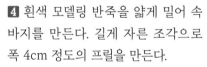

5 양쪽 다리를 프릴로 감싼다.

다리 전체가 스커트로 덮이기 때문에 속바지 위쪽은 만들지 않는다.

6 이번에는 폭이 6cm 정도 되는 프릴로 속치마를 만든다. 프릴을 만들고 위쪽을 밀대로 밀어 주름을 고정하고 필요 없는 부분은 칼로 자른다.

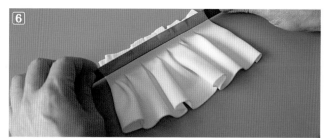

7 다리에 물을 바르고 속치마를 케이크 판에서 시작해 다리 쪽으로 올리면서 붙인다. 먼저 붙인 속바지 프릴이 보이도록 프릴보다 위쪽에 붙인다.

8 다리 사이에 키친타월을 돌돌 말아 놓아 속치마가 바닥에 닿지 않고 모양을 지탱하게 한다.

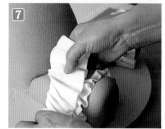

9 속치마가 서로 잘 연결될 수 있도록 붙인다.

10 핑크 모델링 반죽을 얇게 밀고 여러 개의 조각을 주름잡아 테디의 옷을 만든다. 길이는 약 15cm 정도인데 하나를 먼저 만들어 케이크에 대고 적당한 길이를 확인하는 것이 좋다.

> 앞쪽과 뒤쪽의 길이도 다를 수 있는 것을 염두에 둔다.

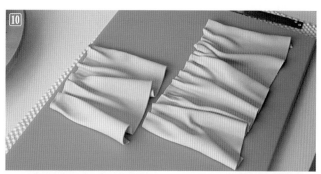

11 스커트 조각을 하나씩 붙인다. 케이크 판에 늘어져 있는 속치마도 스커트에 맞춰 조절한다.

12 앞쪽에도 양옆의 조각과 연결된 것처럼 보이도록 주름의 위치를 잘 잡는다.

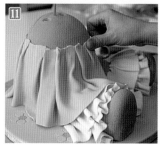

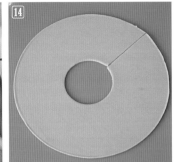

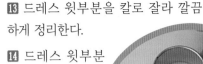

13 드레스 윗부분을 칼로 잘라 깔끔하게 정리한다.

14 드레스 윗부분을 만들기 위해 테디의 목부터 가슴까지의 길이를 재어서 원의 지름을 계산한다. **14**에서는 지름 18cm 원형을 자른 후에 지름 5cm의 원형 커터로 중간에 구멍을 만든다. 칼로 원의 한쪽을 자른다.

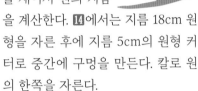

15 케이크에 물을 바르고 드레스 윗부분을 붙인다. 팔로 가려질 자리부터 붙이기 시작하면 이음새가 가려져 깔끔하다.

남은 부분은 자른다.

16 목 부분을 칼로 둥글게 잘라 드레스 목 라인을 만든다. 스티치 툴로 박음선을 만든다. 작은 프릴을 만들어 **16**과 같이 드레스 앞부분을 장식한다.

17 핑크 모델링 반죽으로 프릴의 중간 부분을 만들어 붙인다.

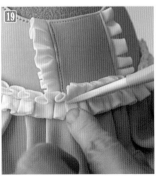

18 스티치 툴로 박음선을 만든다.

19 작은 프릴을 드레스의 이음새 부분에 붙인다.

팔이 있어야 하는 부분을 제외하고 드레스 앞뒤를 돌아가며 프릴을 붙인다.

⓴ 로열아이싱으로 팔을 몸통에 붙인다. 한쪽 팔은 약간 휘어지게 만든다. 팔이 손으로 눌러 질감이 없어질 수 있으니 붙인 후에 스펀지로 다시 눌러 질감을 잘 표현한다.

✡ 테딩~

⓴ 핑크 모델링 반죽을 3mm 두께로 밀고 지름 5cm 원형을 자른다. 가장자리에 박음선을 만들어 테디의 발바닥에 붙인 후에 슈거 툴로 4개의 금을 긋는다.

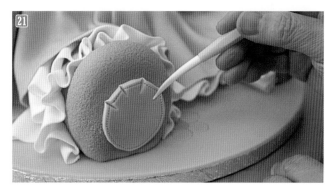

⓴ 모델링 반죽을 얇게 밀어 양 끝이 중간보다 좁은 조각으로 잘라 프릴을 만든다.

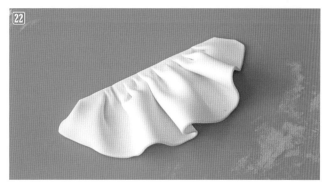

⓴ 프릴을 양쪽 팔 위에 단다. 드레스에 연결되는 부분을 슈거 툴로 눌러가며 붙인다.

⓴ 프릴이 가라앉지 않고 모양을 지탱할 수 있도록 프릴 아래에 스펀지를 넣는다.

25 폰던 60g을 둥글고 납작하게 빚어 둥근 툴로 가운데를 눌러 자국을 낸다.

26 스펀지로 누른 후에 둘로 나누어 테디의 귀를 만든다.

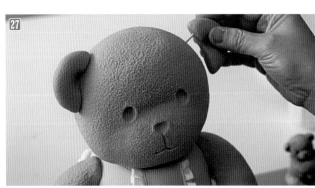

27 몸통에 약간의 로열아이싱을 바르고 테디의 머리를 연결한다.

이쑤시개를 머리 양옆에 꽂고 귀를 물로 붙인다.

28 블랙 폰던으로 눈과 코를 만들어 붙인다. 흰색 폰던을 아주 작고 둥글게 빚어 테디의 눈에 붙인다.

29 핑크 모델링 반죽을 동그랗게 빚었다가 손으로 눌러 납작하게 만든 다음 둥근 툴로 누르고 이쑤시개로 두 개의 구멍을 만들면 단추를 만들 수 있다. 단추 두 개를 만들어 드레스 윗부분을 장식한다.

30 핑크 모델링 반죽으로 리본을 만들어 테디의 머리 한쪽에 붙인다.

⇒ 리본 만드는 법 참조

핑크 식용 파우더를 붓으로 양쪽 볼에 바른다.

귀여운 테디베어 샤워 케이크

What You Need

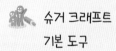

- 9cm(H)×15cm(W) 케이크 스펀지

- 1.5kg 폰던

- 15cm 케이크 카드 & 30cm 케이크 판

- 식용 색소: 핑크, 블루, 브라운, 옐로우, 그린, 오렌지, 블랙, 실버

- 식용 파우더: 핑크, 브라운, 실버

- 보드카 또는 레몬 익스트랙

- 로열아이싱

- 쌀튀밥 또는 라이스 크리스피 시리얼과
  마시멜로 물엿

- 슈거 크래프트
  기본 도구

케이크 · 케이크판 준비하기

1 케이크 판을 씌워 하루, 이틀 먼저 준비하면 잘 건조되어 케이크를 올려 장식하기 편하다. 흰색과 핑크 폰던을 4~5mm 두께로 밀어 지름 4cm 정사각형을 자른다.

> 정사각형 커터를 이용하거나 커터가 없다면 자로 길이를 재어 여러 개를 넉넉히 만든다.

2 30cm 지름 케이크 판에 물을 바르고 자른 조각을 붙여서 목욕탕 타일 느낌을 만든다. 가장자리는 타일 조각을 붙인 후 칼로 남는 부분을 자른다.

> 습기가 없는 곳에서 완전히 말린다.

3 지름 15cm의 얇은 케이크 카드 위에 약간의 버터크림을 바르고 케이크 시트를 올린다. 두 장의 케이크 시트를 버터크림으로 샌드위치 한다. 케이크 전체를 버터크림으로 바르고 스크래이퍼로 깔끔하게 정리한다.

⇒ 케이크 준비하기 참조

4 블루 폰던을 6~7mm 두께로 밀어 15cm 원으로 자른다. 케이크 위쪽을 덮는다.

5 케이크를 잘 말려 놓은 케이크 판 위로 올린다.

6 회색 폰던을 6~7mm 두께로 밀고 케이크 옆을 씌워 줄 조각들을 자른다.

케이크의 높이보다 조금 더 높게 만들어야 양동이처럼 보인다. 케이크 가장자리 길이를 재어 전체를 씌울 수 있도록 길게 잘라도 좋지만, 씌우기가 더 수월하도록 두 개의 조각으로 자른다.

7 케이크의 옆면을 붙인다.

폰던이 너무 부드러워 옮길 때 모양이 이그러진다면 폰던이 약간 마르도록 10분 정도 있다가 붙인다.

8 폰던의 양 끝이 만나는 라인 양옆으로 자를 이용해 두 개의 라인을 만든다.
자를 세게 누르지 말고 연한 자국만 낸다.

9 툴을 이용해 자국을 더 선명하게 만든다.
폰던이 잘리지 않도록 라인만 뚜렷하게 보이게 만든다.

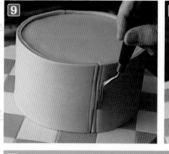

10 회색 모델링 반죽을 길게 밀어 지름 5mm 줄을 만들고 케이크 윗부분과 아랫부분에 물로 붙인다.

11 가장자리에 툴로 라인 두 줄을 만든다.

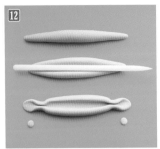

⑫ 회색 모델링 반죽 13g을 양 끝이 중간보다 가늘게 반죽하고 슈거 툴이나 붓을 사용해 가운데를 누른다. 양 끝을 오므려 목욕통의 손잡이를 만든다. 같은 색의 반죽으로 못을 만든다.

⑬ 손잡이와 못을 양동이에 붙인다. 식용 실버 파우더를 보드카나 레몬 익스트랙에 섞어 양동이 전체에 바른다.

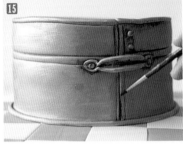

⑭⑮ 검은색 식용 물감에 약간의 물을 섞어 양동이를 장식한다. 손잡이 부분과 못, 라인이 있는 곳을 집중적으로 칠해 양철로 만든 양동이 느낌을 표현한다.

테디 베어 만들기

❶ 라이스 크리스피 시리얼과 마시멜로를 섞어 테디의 머리와 어깨 부분을 만든다.

⇒ 라이스 크리스피 만들기 참조

머리는 약 60g, 어깨는 약 12g의 라이스 크리스피를 사용한다.

❷❸ 브라운 모델링 반죽으로 테디의 코 부분을 만들어 붙인다.

라이스 크리스피가 약간 끈적하기 때문에 물이나 검 글루를 사용하지 않아도 잘 붙는다.

4 5 브라운 모델링 반죽으로 테디의 머리를 감싸고 남는 부분을 떼어낸다.

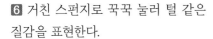

어깨도 반죽으로 씌운다.

6 거친 스펀지로 꾹꾹 눌러 털 같은 질감을 표현한다.

7 8 슈거 툴로 눈 자리를 만든다. 블랙과 다크 브라운색의 모델링 반죽으로 눈과 코를 만들고 슈거 툴로 입 모양을 만든다.

9 이쑤시개가 꽂힌 어깨에 테디의 머리를 고정한다.

♥귀여운♥
내가 참쟈

10 약 30g의 브라운 모델링 반죽을 동그랗게 빚은 후에 논스틱 작은 밀대의 끝부분으로 꾹 누른다. 스펀지로 질감을 표현하고 칼로 반을 잘라 테디의 귀를 만든다.

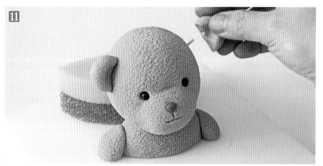

11 귀가 자리할 곳에 짧게 자른 이쑤시개나 쿠킹하지 않은 스파게티를 작게 잘라 꽂으면 귀의 무게 때문에 머리에서 떨어질 염려가 없다. 귀를 물이나 검 글루로 붙인다. 테디의 팔 위쪽 부분도 모델링 반죽으로 만들어 붙인다.

12 부드러운 붓으로 테디의 양 볼, 코 부분, 귀 안쪽 어깨를 브라운 식용 파우더로 더스팅 한다. 양쪽 볼은 브라운에 약간의 핑크 파우더를 섞어 더스팅 한다. 눈과 코에 붓으로 물엿을 살짝 발라 윤기를 낸다.

케이크 장식하기

12 로열아이싱으로 테디베어를 케이크에 붙인다.

3 로열아이싱으로 거품을 표현한다. 테디베어의 몸통 여기저기에 거품이 묻은 것처럼 동글동글하게 짠다.

4 통의 가장자리에 거품을 만든다.

수건 만들기

❶❷❸ 그린 모델링 반죽을 얇게 밀어 11×6cm 직사각형을 잘라 수건 모양을 만든다. 핑크 모델링 반죽으로 긴 조각을 잘라 물 없이 수건 한쪽에 올리고 밀대로 민다.

밀린 부분을 잘라 수건을 완성한다.

❹ 수건을 반으로 접고 한쪽을 주름잡아 케이크 한쪽에 늘어뜨린다.

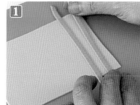

오리 만들기

❶❷❸ 옐로 모델링 반죽 약 5g을 동글게 반죽해 오리의 머리를 만든다. 오리의 몸통은 반죽 12g을 먼저 둥글게 반죽하고 다시 한쪽은 가늘게 꼬리 모양으로 만든다. 칼로 꼬리의 끝부분을 반으로 자르고 살짝 위로 올린다.

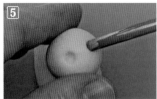

4 5 6 몸통에 이쑤시개를 꽂고 물을 발라 머리를 몸통에 붙인다. 붓끝으로 눈이 들어갈 자리를 만들고 블랙 폰던을 작고 동글게 반죽하여 눈을 만든다.

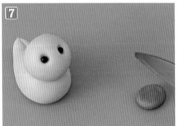

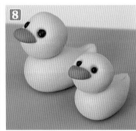

7 8 오렌지색의 모델링 반죽으로 오리의 부리를 만든다.

9 오리를 로열아이싱으로 케이크에 부착하고 거품을 만든다.

10 블루 모델링 반죽으로 물방울을 만든다. 작은 방울은 약간의 반죽을 물방울 모양으로 빚어 케이크에 붙이고 큰 방울은 반죽을 밀어 물방울 모양으로 잘라 케이크와 바닥에 이어 붙인다. 옐로 모델링 반죽으로 비누를 만들어 올리고 로열아이싱으로 거품을 만든다.

귀여운 테디베어 샤워 케이크

슬리퍼와 러그 만들기

1 핑크 모델링 반죽 7g을 길죽하게 빚은 후 케이크 스무더로 눌러 슬리퍼 바닥을 만든다. 반죽을 얇게 밀고 지름 5cm의 원형 커터로 찍어 내고 반을 잘라 슬리퍼 윗부분을 만들어 신발 바닥에 물로 붙인다. 벚꽃 커터로 작은 꽃을 만들어 슬리퍼를 장식한다.

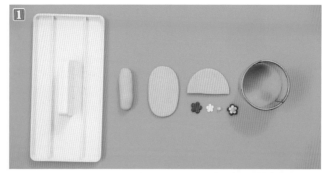

2 **3** 블루 모델링 반죽을 얇게 밀어 러그를 자르고 거친 스펀지로 눌러 질감을 표현한 후에 양 끝을 칼로 잘게 잘라 러그의 끝부분을 표현한다. 슬리퍼를 러그 위에 붙인다.

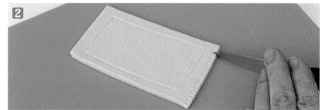

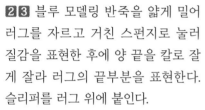

샴푸 통 만들기

1 옐로 모델링 반죽 8g을 동글게 빚었다가 한쪽이 가는 병 모양으로 만든다. 오렌지 반죽으로 병뚜껑을 만들어 가장자리에 칼집을 낸다. 흰 반죽을 얇게 펴 상표를 만들어 붙인다.

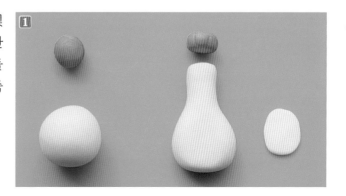

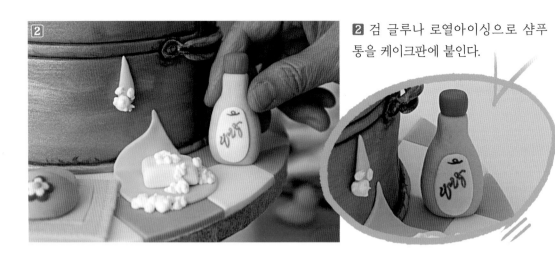

2 검 글루나 로열아이싱으로 샴푸 통을 케이크판에 붙인다.

스툴 만들기

1 브라운 모델링 반죽을 1cm 두께로 밀어 지름 3.5cm 둥근 커터로 찍어내고 칼등으로 죽죽 그어 나무 느낌을 낸다. 4cm 길이로 의자 다리 4개를 잘라 한쪽을 비스듬이 자른다. 1~2시간 말린 후 검 글루로 의자를 조립한다.

> 의자는 며칠 전에 미리 만들어 두 어야 단단히 굳어서 오리를 올려도 무너지지 않는다.

2 케이크 판에 의자를 올리고 위에 작은 크기의 오리를 만들어 올린다. 블루 수건을 만들어 한쪽을 돌돌 말 아 의자 옆에 놓는다. 테디베어도 한 쪽에 놓는다.

⇒ 테디베어 만들기 참조

그린 드레스 인형 케이크

What You Need

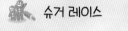 18cm(W)×17cm(H) 스커트 모양의 케이크 스펀지

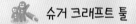 1.5kg 폰던

🍪 30cm 케이크 판

🍪 식용 색소: 청록색(그린과 블루를 섞은 색) 브라운

🍪 FMM 스트레이트 프릴 커터

🍪 PME 장미잎 커터(소형)

🍪 슈거 레이스

🍪 대나무 꽂이 또는 케이크 팝 스틱

🍪 슈거 크래프트 툴

케이크 준비하기

1 맨 위에 올라가는 케이크를 제외한 5개의 케이크 윗부분을 평평하게 자르고 중앙에 지름 3.5cm 둥근 커터로 홀을 만든다.

2 맨 위에 올라가는 케이크는 인형을 끼워야 하기에 인형의 크기에 맞는 커터로 홀을 만든다.

3 지름 18cm 케이크 3개와 지름 15cm 케이크 3개를 초콜릿 가나슈로 샌드위치 한 뒤에 톱니 모양의 과도로 조금씩 다듬어 스커트 모양을 만든다.

4 초콜릿 가나슈로 전체를 바른다.

⇒ 케이크 준비하는 법 참조

5 폰던을 5mm 두께로 밀어 케이크를 씌운다. 케이크 위쪽에 인형이 들어가도록 칼로 자르고, 자른 부분의 폰던을 안쪽으로 접어 넣는다. 케이크 판은 브라운 폰던으로 씌운다.

⇒ 케이크판 씌우기 참조

케이크 장식하기

프릴 만들기

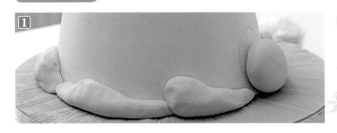

1 청록색 폰던 덩어리를 만들어 케이크 둘레에 물로 붙인다. 덩어리의 크기를 다양하게 만든다.

위에 프릴을 붙이면 풍성한 속치마 모양을 만들 수 있다.

2 청록색 모델링 반죽을 2~3mm 두께로 밀고 폭이 5cm쯤 되는 긴 조각으로 자른다. 주름을 잡아 프릴을 만든다.

3 중간을 논스틱 밀대로 눌러 프릴이 풀어지지 않도록 고정할 수 있다.

4 반으로 자르면 완성이다. 프릴은 한 번에 여러 개를 만들어 놓고 케이크에 붙여야 편리하다.

> 만들어 놓은 프릴은 마르지 않도록 랩으로 덮는다.

5 폰던 덩어리에 물을 바른다.

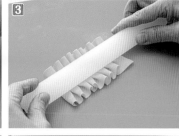

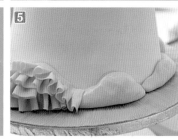

6 프릴의 윗부분이 폰던에 잘 붙도록 손가락으로 누르며 붙인다.

살짝!!!

7 두 번째 프릴을 붙인다. 첫 번째 프릴의 2/3가 보이도록 붙인다.

8 세 번째 프릴도 붙인다. 손가락이 닿을 수 없는 부분은 부드러운 붓을 이용해 잘 붙도록 누른다.

9 프릴을 케이크 둘레에 풍성하게 붙인다.

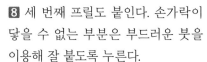

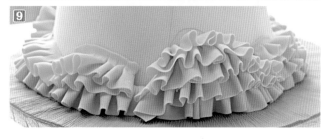

스커트 만들기

1 청록색 모델링 반죽을 2~3mm 두께로 밀고 길이는 17cm 폭은 약 20cm 정도의 직사각형으로 자른다. 종이로 커다란 원뿔을 만든다.

⇒ 꼬르네 만드는 법 참조

2 종이 원뿔 두 개로 주름을 잡고 옆에 남은 반죽을 모양에 맞춰 자른다.

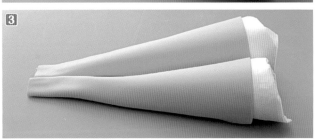

3 스커트 볼륨이 잡히도록 5분쯤 그대로 둔다. 날씨나 계절에 따라 마르는 시간이 다르기 때문에 건조한 날이라면 스커트의 윗부분이 마르지 않도록 랩을 덮는다.

랩으로 덮어야 스커트를 케이크에 붙일 때 윗부분이 갈라지지 않는다.

4 케이크에 물을 바른다. 양손으로 스커트 조각을 잡고 속치마의 프릴이 잘 보이도록 모양을 잡아 케이크에 붙인다.

⇒ 영상 참조

5 위에 남은 부분을 칼로 자른다.

6 스커트 조각을 이어서 붙이고, 이음새가 드러나지 않도록 붙인 스커트 1/3 정도 위로 겹쳐서 붙여야 한다.

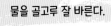

물을 골고루 잘 바른다.

7 영상을 참고하며 스커트를 붙인다.

    스커트 조각 색의 강도를 두 가지로
    만들어 번갈아 붙인다.

 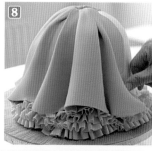

8 프릴이 높이 만들어진 부분의 스
커트는 약간 위로 들어올려 붙이고
프릴이 눌리지 않고 잘 보이도록 길이
를 조절한다.

9 스커트가 다 붙여지면 인형의 바
디에 랩을 말아서 케이크에 넣는다.

오늘 할 일

☑ 숨쉬기

드레스 톱 만들기

1 청록색 모델링 반죽을 2mm 두께로
밀어 본을 대고 드레스 톱을 자른다.

    인형의 바디에 물을 바르고 드레스
    톱을 앞에서 뒤로 붙인다.

2 손으로 반죽을 조금씩 누르며 인형
의 몸에 붙인다.

    공기가 들어가 붙지 않는 부분이 있
    다면 반죽을 떼었다 다시 붙인다.

3 인형의 등 뒤 중간에서 만나도록
칼로 자른다.

⇒ 영상 참조

4 칼로 둥글게 잘라 드레스 톱의 뒷
부분을 마무리한다.

⑤ 등쪽부터 드레스의 앞부분까지 자연스럽게 연결되도록 필요 없는 부분을 자른다.

⑥ 드레스 톱 전체에 물이나 검 글루를 바른다.

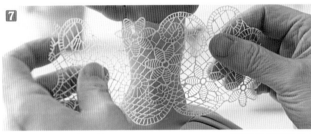

⑦ 슈거 레이스를 붙인다.

⑧ 드레스 톱 모양대로 다듬는다.

⑨ 레이스가 잘 붙지 않으면 붓으로 눌러 떨어진 곳 없이 붙인다.

케이크 장식하기

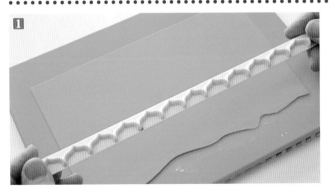

① 모델링 반죽을 2mm 두께로 밀고 가로 16cm, 세로 10cm 직사각형을 자른다.

FMM 프릴 커터로 반죽의 한 끝을 자른다.

2 대나무 꽂이나 케이크팝 스틱을 이용해 주름을 잡는다.

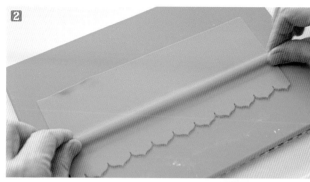

3 주름을 두 개 잡고 남은 반죽은 칼로 자른다.

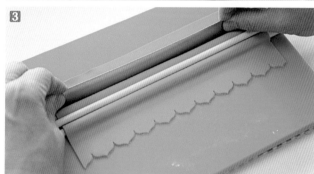

4 주름 양 끝을 잡고 살짝 눌러 주름이 풀어지지 않도록 한다.

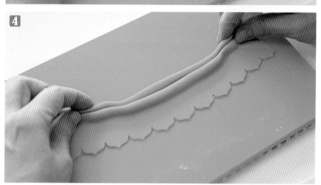

5 스커트와 드레스 톱이 이어지는 부분에 약간의 물을 바르고 장식을 붙인다.

6 남는 부분을 칼로 자른다.

Sugar Cake Master Class

3. 사랑스러운 캐릭터를 마음을 사로잡는 슈거케이크

251

케이크 장식하기

패브릭 장미 만들기

1 모델링 반죽을 2mm 두께로 얇게 밀어 길쭉하게 자르고 반을 접는다. 한쪽 끝부터 돌돌 말아 주름을 잡으면서 만다.

⇒ 영상 참조

2 원하는 크기로 돌려 말다가 끝맺음할 때는 반죽을 아래쪽으로 내리고 손으로 눌러, 꽃 아래쪽이 하나로 뭉치도록 한다.

3 모델링 반죽을 밀어 장미잎 커터로 잎을 만든다.

4 장미잎을 먼저 드레스 장식에 붙인다.

5 가장 큰 장미를 가운데 오도록 붙인다. 장미의 아랫부분을 가위로 평평하게 자르면 더 잘 붙는다.

6 장미잎을 몇 장 더 붙인다.

7 작은 장미 두 개를 나란히 붙인다. 꽃을 장식할 때는 홀수가 보기 좋다.

8 조그만 프릴을 만들어 어깨에 장식한다. 프릴 한 개를 먼저 붙이고 또 하나를 위에 덧붙인다.

8

What You Need

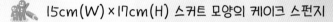

- 15cm(W)×17cm(H) 스커트 모양의 케이크 스펀지

- 1.5kg 폰던

- 30cm 케이크 판

- 식용 색소: Cralet 핑크 (와인 핑크, 자주색)

- 식용 파우더: 펄 파우더,
  실버 & 퍼플 홀로그램 파우더

- 로열아이싱 조금

- 쇼트닝

- 슈거 크래프트 툴

- 붓

케이크 준비하기

1 15cm 케이크 4개를 계단식으로 비스듬히 쌓고 맨 위에 지름 15cm 반원 모양의 케이크를 올린다.

사이사이에 초콜릿 가나슈를 넣어 샌드위치 한다.

2 긴 칼을 사용해 둥근 형태로 케이크 한쪽을 자른다.

3 케이크의 다른 한쪽을 스커트 모양으로 다듬는다.

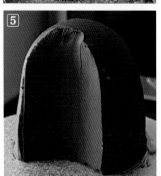

4 다듬고 남은 조각을 케이크 아랫부분에 붙여 스커트 아랫단이 더 넓어 보이도록 만든다.

5 초콜릿 가나슈를 전체적으로 바른다.

⇒ 케이크 준비하는 법 참조

6 와인색 폰던을 5mm 두께로 밀어 케이크를 씌운다. 케이크 판은 라이트 핑크 폰던으로 덮는다.

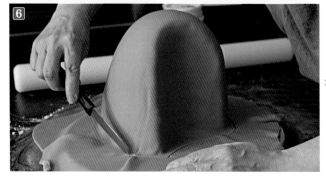

케이크 장식 하기

드레스 톱 장식

1 2 3 와인색 모델링 반죽을 2mm 두께로 밀고 드레스 톱 본을 대고 자른다.

> 본을 대고 자를 때는 작은 칼을 사용하며 자르기 편하도록 보드를 돌려가며 자른다.

4 잘라 낸 조각 또는 인형의 몸에 물을 바르고 손가락으로 살살 눌러가며 떨어진 곳 없이 붙인다.

5 어깨끈도 꼼꼼히 붙인다.

6 어깨끈이 뒤판과 연결되는 지점인 어깨 중간까지만 붙이고, 남는 부분은 자른다.

✪ 살살살~

7 8 드레스 톱의 뒤판도 자른다. 반죽이 당겨져 모양이 이그러지지 않도록 주의해서 자른다.

9 뒤판도 손으로 눌러 가며 모양을 잡는다.

⇒ 영상 참조

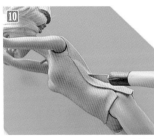

10 앞판과 뒤판이 이어지는 곳을 칼로 자르고 남는 조각을 들어내어 깔끔하게 마무리한다.

11 어깨끈도 앞판과 이어지고 남는 부분을 자른다.

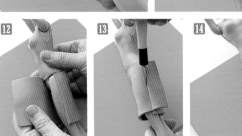

12 13 14 반죽을 2~3mm 두께로 밀어서 가로 15cm, 세로 6cm의 직사각형을 자른다.

인형의 하체 부분을 감싼다.

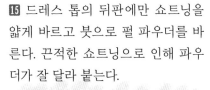

15 드레스 톱의 뒤판에만 쇼트닝을 얇게 바르고 붓으로 펄 파우더를 바른다. 끈적한 쇼트닝으로 인해 파우더가 잘 달라 붙는다.

인형을 손으로 잡을 때 반죽을 잡지 않도록 주의한다. 손자국이 나거나 찢어질 수 있기 때문이다.

16 17 18 드레스 톱 앞쪽에 물이나 검글루를 꼼꼼히 바른다. 실버 홀로그램 파우더를 드레스 톱 윗부분에만 붓으로 흩뿌린다. 아래쪽에는 퍼플 홀로그램 파우더를 뿌린다. 이 작업을 기름종이나 종이 포일 위에서 하면 사용하고 남은 파우더를 다시 통에 넣기 편하다. 파우더를 듬뿍 뿌려준 후 인형을 뒤집어 달라 붙고 남은 파우더를 턴다.

19 20 21 스커트를 한쪽은 길고 한쪽
은 짧게 자른다.

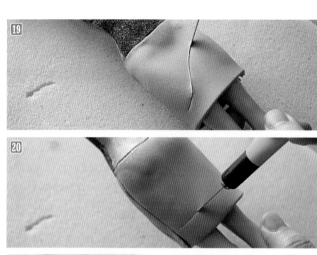

스커트 프릴 만들기

1 2mm 두께로 민 연한 와인색과
진한 와인색 조각을 물 없이 겹친다.
두 조각이 완전히 달라 붙고 3mm 두
께가 되도록 밀대로 민다.

2 진한 색이 위에 오도록 뒤집어서
칼을 사용해 모양대로 자른다. 중간
부분이 양 끝보다 두꺼운 부메랑과
비슷한 모양으로 만든다.

> 일정한 모양이 필요한 것이 아니므
> 로 여러 가지 크기를 자유롭게 만들
> 어도 좋다.

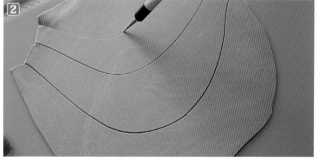

케이크 장식 하기

3 펄 파우더를 더스팅 한다.

크고 두꺼운 붓을 사용해 빠르게
더스팅 할 수 있다.

4 잘라 놓은 조
각으로 주름을
잡아 프릴을
만든다.

5 다양한 크기의 프릴을 여러 개 만
들고 붙이면 편하게 장식할 수 있다.
반죽이 마르지 않도록 랩을 덮는다.

6 케이크에 물을 바르고 큰 사이즈
의 프릴부터 붙인다.

7 주름이 꺼지지 않도록 작은 스펀
지 조각을 주름 아래에 받친다.

8 스커트 위쪽으로 올라갈수록 프릴
의 크기를 줄이면서 붙인다.

9 아래쪽에 있는 프릴이 잘 보이도
록 위치를 잡는다.

10 스커트의 뒤편에도 같은 방식으로
붙인다.

11 프릴의 무게 때문에 떨어질 수 있으니 손가락으로 꼼꼼히 눌러 붙인다.

프릴을 케이크의 한쪽에 계속 붙이기보다 양쪽에 번갈아 가며 하나씩 붙여 양쪽이 비슷한 모양이 되도록 한다.

12 케이크를 여러 다른 각도에서 보면서 프릴을 붙여야 전체적인 균형을 잡을 수 있다.

볼수록 매력터짐

13 인형을 세울 자리 아래쪽에 연한 색 반죽으로 속치마를 만들어 붙인다.

14 인형을 세울 자리에 로열아이싱을 짠다.

15 인형을 세운다. 드레스를 입고 캣워크를 하는 모양을 표현하기 위해 한쪽 다리가 앞으로 나아가는 포즈를 만든다.

16 인형의 다리를 가로질러 커버할 만한 크기의 프릴을 붙인다.

17 위쪽에도 프릴을 단다.

18 스커트의 앞뒤를 전부 프릴로 채
우고 드레스 톱과 연결한 부분은 반
죽을 리본처럼 길게 잘라 붙인다.

19 20 리본을 붙인 후에
짧은 프릴을 둘레에
붙여 완성한다.

핑크 드레스 케이크

What You Need

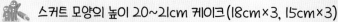

- 스커트 모양의 높이 20~21cm 케이크(18cm×3, 15cm×3)
- 폰던 1.5kg
- 케이크 판 30cm(6호)
- 식용 색소: 핑크, 블루
- 로열아이싱 & 작은 짤주머니
- 장미 커터(Patchwork Cutter Tearose), 블러섬 커터(벚꽃잎)
- 논스틱 보드 & 논스틱 밀대(Non stick board & rolling pin)
- 작은 칼 & 붓
- 원형 커터(3.5cm)
- 인형

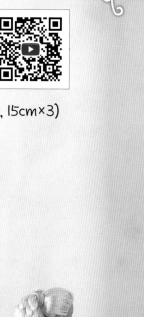

케이크 준비하기

1 맨 위에 올라가는 케이크를 제외한 5개의 케이크 윗부분을 평평하게 자르고 중앙에 지름 3.5cm 둥근 커터로 홀을 만든다. 맨 위에 올라가는 케이크는 인형을 끼워야 하기에 인형의 크기에 맞는 커터로 홀을 만든다. 케이크 판에 버터크림을 약간 바르고 케이크를 올린다.

⟹ 케이크 준비하는 법 참조

2 원하는 버터크림이나 초콜릿 가나슈로 케이크 사이사이를 샌드위치 한다. 케이크를 칼로 다듬어야 하니 크림을 바깥쪽까지 꼼꼼하게 바를 필요는 없다. 케이크에 닿는 인형의 몸통 아랫부분은 랩으로 감싸고 케이크 중앙에 넣어서 높이가 맞는지 살핀다.

3 톱니 모양의 과도를 이용해 조금씩 잘라 스커트 모양으로 다듬는다.

⟹ 유튜브 영상 참조

4 초콜릿 가나슈로 두 번 코팅하였지만 버터크림을 사용할 경우 두껍게 바르지 않는다.

⟹ 케이크 준비하는 법 참조

5 색을 넣지 않은 폰던을 5mm 두께로 밀어 케이크를 씌운다.

⇒ 케이크 준비하는 법 참조

인형이 들어갈 윗부분을 칼로 자르고 폰던을 구멍의 안쪽으로 접어 넣는다. 케이크 판을 블루 폰던으로 씌운다.

⇒ 케이크판 씌우기 참조

케이크 장식하기

스커트 만들기

1 150g 정도의 핑크 모델링 반죽을 얇게(2mm) 밀고 종이 본대로 자른다.

> 인형의 크기나 케이크의 높이에 따라 다르므로 자신의 케이크 높이에 맞추어 본을 만든다.

2 도화지나 종이 포일로 커다란 원뿔을 만든다.

⇒ 꼬르네 만드는 방법 참조

잘라낸 스커트 조각을 원뿔 위에 올리고 원뿔을 감싸듯이 모양을 잡는다. 조각의 윗부분은 주름을 잡아 모은다.

⇒ 프릴 만드는 법 참조

3 모양을 잡으면 양쪽으로 조각이 남는데 오른쪽은 그대로 두고 왼쪽만 모양에 맞추어 자른다. 이렇게 4~5분쯤 그대로 두면 모양이 잡힌다. 세 번째 스커트를 만들 때쯤이면 처음 만든 스커트가 붙이기 좋은 상태가 된다.

케이크에 스커트 조각 붙이기

1 케이크에 물이나 검 글루를 바르고 스커트 조각을 붙인다.

⇒ 유튜브 영상 참조

2 먼저 붙어 있는 스커트 조각 오른편에 살짝 겹치도록 붙인다. 스커트 길이를 조금씩 다르게 붙이면 생동감이 있다.

붙이고 남은 윗부분은 칼로 자른다.

드레스 장식하기

드레스 톱 만들기

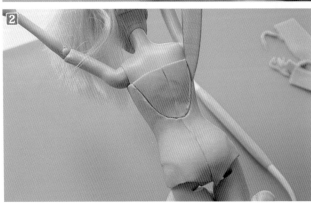

1 핑크 모델링 반죽을 얇게 밀어 인형 크기에 맞는 직사각형으로 자르고 물로 인형의 몸에 붙인다. 반죽의 두께가 정말 중요하다. 너무 얇으면 찢어지고 너무 두꺼우면 갈라지기 쉬울 뿐만 아니라 인형의 보디가 날렵해 보이지 않는다. 1~1.5mm의 두께로 밀어야 하는데 파스타 머신을 이용해 쉽고 빠르게 만들 수 있다.

반죽이 너무 당겨지지 않도록 손가락으로 살살 눌러 가며 붙인다.

2 뒤에 남은 반죽을 자르고 등 부분을 U자형으로 자른다.

⇒ 유튜브 영상 참조

3 앞부분은 V자형으로 자른다.

4 인형을 다시 케이크에 넣고 핑크 모델링 반죽을 길쭉하게 만들어 스커트와 인형 사이 벌어진 부분이 보이지 않도록 감싼다.

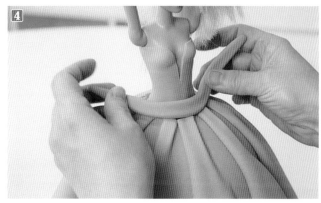

드레스 장식하기

1 핑크 로열아이싱을 이용해 장미꽃잎 모양의 브러시 자수로 드레스 앞과 옆면을 장식한다.

⇒ 유튜브 영상 참조

2 장미 커터(패치워 티 로우즈) 또는 자신이 보유한 유사한 커터의 밑면을 녹말가루에 담갔다가 털어 낸다. 녹말가루를 묻혀서 찍어 내면 반죽이 커터에 달라붙지 않는다.

> 핑크 모델링 반죽을 1.5~2mm 두께로 밀어 준비한 커터를 올리고 무늬가 잘 생기도록 손가락으로 커터의 윗면을 골고루 누른다.

3 잘라낸 장미 조각을 물을 사용해 스커트 주름당 하나씩 붙인다.

4 5 6 로열아이싱은 작은 크기의 짤주머니에 넣어서 사용해야 손이나 어깨에 무리가 가지 않는다.

⇒ 꼬르네 만드는 법 참조

처음 시도해 본다면 스커트에 바로 하지 말고 접시에 연습을 한다.

7 흰색과 핑크색의 모델링 반죽을 2mm 정도의 두께로 밀고 블러섬 커터를 이용해 작은 벚꽃잎을 자른다.

8 핑크색 로열아이싱을 이용해 벚꽃잎을 스커트에 장식한다.

9 핑크 모델링 반죽으로 리본을 만들어 드레스 뒷부분을 장식하고 리본 중앙에는 로열아이싱으로 벚꽃잎을 붙인다.

⇒ 리본 만들기 참조

한복 케이크

What You Need

- 15cm × 3 원형 케이크 스펀지
- 15cm 반구형 케이크 스펀지
- 1.5kg 폰던
- 30cm 원형 케이크 판
- 식용 색소: 핑크, 퍼플, 크림슨, 버건디
- 식용 파우더: 실버 & 펄
- 레몬 익스트랙 또는 보드카 약간
- 3cm 원형 커터
- 붓
- 인형
- 슈거 크래프트
  기본 도구

케이크 준비하기

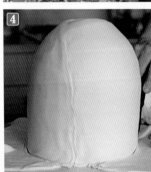 

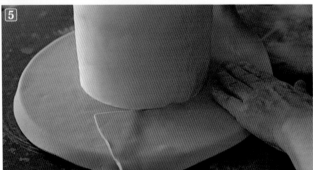

1 지름 15cm×3의 원형 케이크 스펀지와 지름 15cm 반구 모양 스펀지 케이크 중앙에 3cm 원형 커터로 인형을 꽂아줄 구멍을 내고 버터크림으로 샌드위치 한다.

2 인형 허리 아랫부분을 랩으로 감싸고 케이크에 꽂아서 높이가 적당한지 확인한다. 작은 톱니 칼로 모양을 다듬는다.

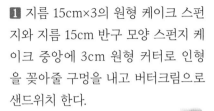

3 버터크림을 케이크 전체에 바른다.

⇒ 케이크 준비하는 법 참조

4 폰던을 4mm 두께로 밀어 케이크를 씌운다.

5 핑크 폰던을 얇게 밀어 케이크 판을 씌운다.

⇒ 케이크 판 씌우는 법 참조

6 케이크 윗부분에 덮인 폰던을 칼로 가르고 구멍 안쪽으로 폰던을 접어 넣는다.

7 인형을 케이크에 꽂고 폰던을 6~7mm 두께로 길게 밀어 인형의 몸통을 감싼다.

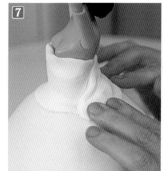

> 속치마를 만든다고 생각하며 모양을 손으로 다듬어 아래 케이크와 부드럽게 연결되도록 만든다.

8 인형의 가슴 사이에 폰던을 채워 한복 치마를 붙이기 쉽게 만든다.

케이크 장식하기

치마 만들기

1 먼저 인형의 가슴 위부터 발 아래까지의 길이를 잰다. 인형마다 다르기 때문에 자신이 사용하는 케이크의 정확한 치수를 잰다. 보라색 모델링 반죽을 3mm 두께로 밀고 가로 15cm, 높이(약 24cm 정도) 크기로 자른다.

> 위쪽이 살짝 좁아지는 사다리 형태로 자른 후 양 끝을 안쪽으로 접어 넣는다.

2 뒤집어서 위쪽에 주름을 잡는다. 이런 치마를 4~5개를 만든다. 한꺼번에 만들 때는 반드시 반죽이 마르지 않도록 덮어야 한다.

3 케이크에 물을 바르고 인형의 가슴 부위를 빙 둘러서 치마를 붙인다.

> 남는 부분은 칼로 깔끔하게 자른다.

4 치마 가장자리의 접혀진 부분이 먼저 붙인 치마 위로 살짝 겹치게 자리를 잡는다. 그래야 안쪽의 하얀 케이크가 보이지 않는다.

⑤ 화이트 모델링 반죽을 2~3mm 두께로 밀고 폭 1cm로 길게 잘라 치마 윗부분에 붙인다.

저고리 소매 만들기

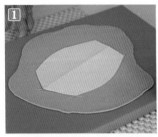
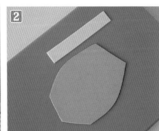
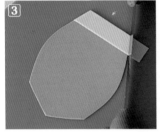
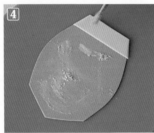

① 핑크 모델링 반죽을 2mm 두께로 밀고 저고리 종이 본대로 자른다.

두 개가 필요하며 인형의 크기에 따라 본을 조절할 수 있다.

② 소매 아랫부분을 장식할 아이보리 조각도 모델링 반죽으로 만든다.

③ 소매 위에 아이보리 조각을 물로 붙이고 모양대로 자른다.

④ 펄식용 파우더를 소매 전체에 더스팅 한다.

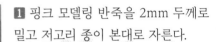

⑤ 소매로 인형의 팔을 감싸고 아래쪽에 물을 발라 소매를 고정한다.

6 어깨 라인을 따라 칼로 자른다.

저고리 앞, 뒷길 만들기

1 종이 본을 만들어 먼저 인형에 맞
는지 대어 보면서 크기를 조절한다.
핑크 모델링 반죽을 2~3mm 두께로
밀어 저고리 앞, 뒷길을 잘라 낸다.

2 모델링 반죽을 사용해야 모양이
이그러지지 않게 잘라 낼 수 있다.
펄 파우더로 더스팅 한다.

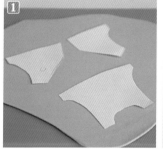

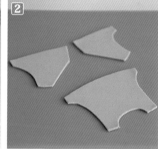

3 물을 바르기 전에 먼저 인형의 몸
에 대어 본다. 저고리 소매와의 연결
부분이 잘 맞도록 조절한다. 물은 가
장자리에 조금씩만 발라 붙인다.

**너무 많이 바르면 미끄러지거나
치마에 얼룩이 생길 수 있다.**

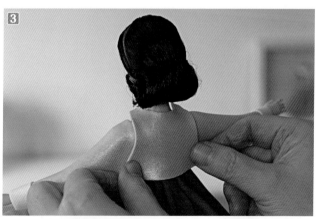

4 저고리 앞부분도 붙인다. 먼저 오
른쪽 조각을 붙인다.

5 왼쪽 저고리도 붙인다.

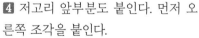

깃, 동정 만들기

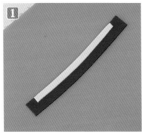 

1 짙은 자주색 모델링 반죽과 화이트 반죽을 2mm 두께로 얇게 밀어 잘라 낸 후 흰 동정을 깃 위에 붙인다.

2 저고리에 붙이고 끝부분을 저고리의 모양에 맞게 자른다.

고름 만들기

1 자주색과 흰색의 모델링 반죽으로 긴 속고름을 만들어 저고리 아래를 들고 안쪽에 붙인다.

2 남은 자주색 모델링 반죽에 약간의 검은색 식용 색소를 섞어 버건디색을 만든다. 반죽을 2mm 두께로 밀고 먼저 길게 늘어지는 고름의 꼬리를 두 개 만들어 저고리에 붙인다. 다음엔 4cm 길이의 조각을 반으로 접어 꼬리의 윗부분과 연결하여 붙인다.

> **연결 부분에 약간의 물을 바르고 리본 중앙처럼 작은 조각으로 감싼다.**

문양 그리기

1 실버 식용 파우더에 레몬 익스트랙이나 보드카를 섞어 작은 붓으로 치마 아래쪽에 문양을 그린다.

② 저고리 깃에 점을 다섯 개씩 찍어 문양을 만든다.

③ 고름 아래쪽에 비슷한 문양을 그린다.

④ 저고리 소매 윗부분에 그림을 그린다. 너무 잘 그리려 하지 말고 한복 사진을 보면서 비슷한 모양으로 그린다.

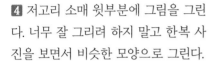

3. 사랑스러운 캐릭터로 마음을 사로잡는 슈거케이크

Sugar Cake Master Class

케이크 장식하기

슈거케이크를 더욱 특별하게
만드는 장식의 매력

- 테디베어와 토퍼 장식으로 케이크에
생명력을 불어넣는 방법 -

귀여운 테디베어 만드는 법

테디베어를 만들기 위해서는 폰던보다는

모델링 반죽을 사용하는 것이 좋다.

(⇒ 모델링 반죽 만드는 법 참조)

테디베어 만들기의 기본적인 방법을 배우면 여러 가지

다른 모양과 컬러의 테디도 만들 수 있다.

무엇보다 중요한 것은 좋은 모델링 반죽을 사용해야 만들기도

쉽고 완성도 높은 결과를 얻을 수 있다.

반죽이 건조하면 갈라지기 쉽고, 너무 질면 손에 달라붙어서

모양을 내기가 어렵다.

모델링 반죽 만들기를 잘 읽어 보고 좋은 반죽을 만들어서

사용하자.

필요한 도구는 기본적인

슈가 크래프트 도구인

조그만 밀대, 칼, 스티치 툴,

붓 등이다.

블루 리본을 단 테디베어

1

몸통 30g
머리 13g
귀 2g
팔 4g
다리 7g

 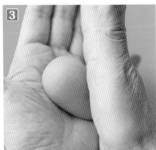

2 브라운 모델링 반죽 30g을 동그랗게 반죽한다.

갈라진 것이 없도록 반죽한다.

3 손바닥을 마주해서 반죽을 굴린다. 한쪽이 다른 쪽보다 가늘게 모양을 내서 테디의 몸통을 만든다.

4 이쑤시개를 바닥에 닿을 때까지 몸통에 꽂는다.

이쑤시개의 길이는 머리 높이보다 짧게 조절한다.

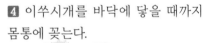

5 몸통과 머리의 무게가 비슷한 디자인을 만들 때는 머리를 제일 나중에 만들어 몸이 적당히 건조해진 후에 머리를 올리지만, 이 디자인은 머리가 몸통보다 작으므로 머리부터 만든다. 13g의 반죽을 동그랗게 빚어 머리를 만든다. 이쑤시개와 몸통에 약간의 물을 바르고 머리를 이쑤시개에 꽂는다.

6 반죽을 콩알 크기로 빚고 손으로 눌러 납작하게 만들어 주둥이를 붙인다.

7 붓끝으로 눈이 들어갈 자리를 만든다.

8 약 2g의 반죽을 동그랗게 빚고 둥근 툴로 누른다.

9 칼을 사용해 반을 잘라 귀를 만든다.

10 귀를 테디의 머리에 물로 붙인다.

11 7g의 반죽을 길쭉하게 빚고 끝부분을 손가락으로 눌러 발 모양으로 만든다.

12 다리에 물을 발라 몸통에 붙이고, 반죽 4g으로 팔을 만들어 붙인다.

13 검정 반죽으로 작은 볼을 만들어 눈을 만들어 붙이고 짙은 브라운 반죽으로 코를 만든다.

14 블루 반죽을 작은 볼로 빚었다가 손가락으로 눌러 납작하게 만들어 테디의 발바닥에 붙인다.

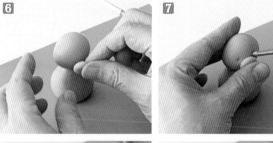
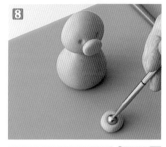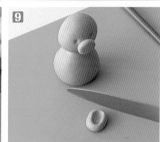
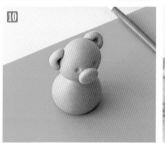
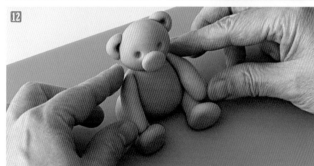

블루 리본을 단 테디베어

핑크와 블루 테디베어 만들기

1

몸통 45g
머리 44g
귀 3g
팔 7g
다리 20g

2 핑크 모델링 반죽 45g을 동그랗게 빚 었다가 한쪽을  약간 더 작게 만들고 스티치 툴로 몸통을 돌아가며 박음선을 만든다.

3 블루 반죽 20g을 둥글게 빚었다가 다시 한쪽이 더 가늘게 빚는다.

4 헝겊으로 만들어진 인형의 느낌을 나도록 만든다.

5 다리 아래쪽을 슈거 툴로 눌러 움 푹 들어가게 만들고 툴로 가장자리를 돌아가며 눌림 자국을 만든다.

6 핑크 반죽으로 단추를 만들어 붙 인다.

7 다리를 몸통에 붙이고 슈거 툴로 다리 안쪽을 눌러 주름을 표현한다.

8 이쑤시개에 물을 바르고 몸통에 꽂는다.

9 44g의 반죽을 둥글게 빚어 손바 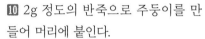 닥으로 살짝 누르고 중간에 박음질 선을 만든다.

10 2g 정도의 반죽으로 주둥이를 만들어 머리에 붙인다.

11 붓끝으로 눈이 들어갈 자리를 만든다.

12 13 눈과 코를 만들어 붙이고 핑크 반죽을 동글게 빚었다가 눌러 납작하게 만든 다음 얼굴 양쪽에 붙인다.

14 둥글게 빚은 블루 반죽 위에 약간 작은 크기의 핑크 반죽을 올리고 손가락으로 눌러 납작하게 겹치면 반으로 잘라 귀를 만든다.

15 약간의 블루 반죽으로 머리카락을 만들어 붙인다.

⇒ 영상 참조

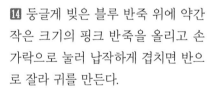

7

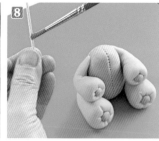
8

9

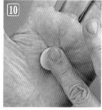
10

11

12

13

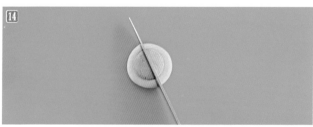
14

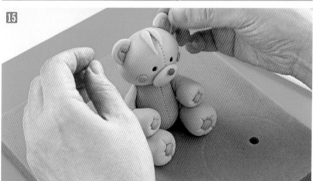
15

귀여운 테디베어 만드는 법

핑크와 블루 테디베어 만들기

발레 슈즈 케이크 토퍼

What You Need

- 🍰 350g 모델링 반죽
- 🍰 식용 색소: 핑크, 옐로, 그린
- 🍰 식용 파우더: 펄파우더
- 🍰 쇼트닝
- 🍰 로열아이싱 장미
- 🍰 로열아이싱 & 잎 짤팁
- 🍰 스티치 툴
- 🍰 슈거 크래프트 기본 툴

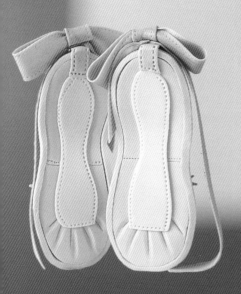

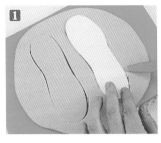

1 핑크 모델링 반죽을 7mm 정도의 두께로 밀고 신발 밑창 본을 대고 두 개를 자른다.

하나는 본을 뒤집어 자름

2 신발 아래쪽 창에 슈거 툴로 눌러 자국을 만든다.

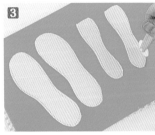
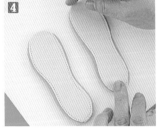
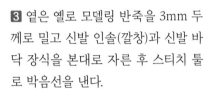

3 옅은 옐로 모델링 반죽을 3mm 두께로 밀고 신발 인솔(깔창)과 신발 바닥 장식을 본대로 자른 후 스티치 툴로 박음선을 낸다.

4 먼저 인솔을 물로 신발 밑창에 붙인다.

5 밑창을 뒤집어 바닥 장식을 붙인다.

6 6g 정도의 반죽을 뭉쳐 신발 앞부분에 붙인다.

신발의 앞 모양을 둥글게 만들기 위해

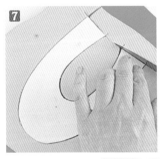
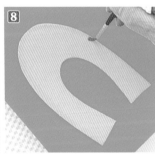

7 핑크 반죽을 5mm 두께로 밀고 신발 윗부분을 본을 대고 자른다.

8 자른 조각의 가장자리를 빙 돌아가며 물을 바른다.

9 신발 앞쪽부터 밑창을 완전히 감싸면서 붙인다. 뒷부분이 만나는 부분에 물을 약간 발라 붙인다.

10 스펀지 위에 올리고 모양을 만들 받침대를 준비한다.

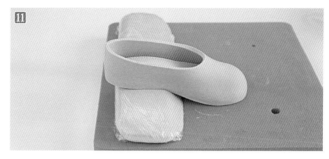

11 받침대는 종이나 스펀지로도 만들 수 있으나 남은 반죽으로 모양을 빚고 랩으로 씌워 신발에 달라붙지 않도록 한다.

> 발레 슈즈 특유의 서 있는 모습으로 만들어야 하니 받침대에 올리고 완전히 말린다.

12 하루가 지난 후에 이쑤시개로 신발 앞부분에 3~4cm 깊이의 구멍을 만든다.

> 케이크 위에 세울 때 필요하다.

13 반죽을 얇게 밀어 1cm 두께의 긴 조각을 자르고 박음선을 만들어 신발 뒤꿈치 연결 부분을 완전히 가린다.

⇒ 영상 참조

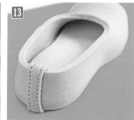

> 신발 안쪽에 붙이기 시작해 뒤꿈치를 가리고 밑창 장식이 있는 곳까지 붙인다.

14 반죽으로 로프를 만들어 신발 윗부분 가장자리를 빙 둘러가며 붙인다.

15 16 스티치 툴로 박음선을 만든다.

17 신발에 쇼트닝을 손으로 얇게 바르고 많이 바른 곳은 휴지로 닦는다.

> 쇼트닝을 바른 후 펄 파우더를 바르면 파우더가 잘 달라붙고 광택을 내기 더 쉽다.

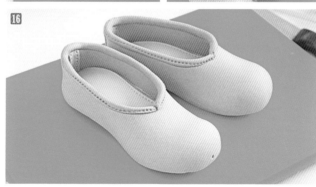

18 핑크 펄 파우더를 붓으로 꼼꼼하게 바른다.

> 전체에 잘 발라준 후 부드러운 다른 붓으로 가볍게 더스팅 하듯 터치하여 광택을 낸다.

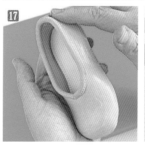
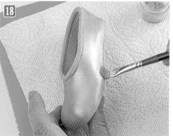

19 반죽을 길게 밀어 작은 리본을 만든다.

⇒ 리본 만들기 참조

20 리본으로 신발 앞쪽을 장식한다.

21 핑크 반죽을 얇게 밀고 폭 1.5cm와 2.5cm 긴 조각들을 자른다.

붓으로 펄 파우더를 더스팅 한다.

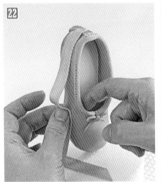 

22 슈즈에 이쑤시개를 꽂아 스티로폼 위에 세운다. 폭 1.5cm의 조각으로 신발 옆에 늘어진 모양으로 붙인다.

⇒ 영상 참조

23 폭 2.5cm의 조각으로 리본을 만들어 신발에 물로 붙인다.

24 그린 로열아이싱 장미로 장식해 주었지만 꽃 없이 리본만 있어도 좋다. 케이크 위에 장식하려면 적어도 이틀 정도 충분히 말려야 한다.

여름 샌들 돌 케이크 토퍼

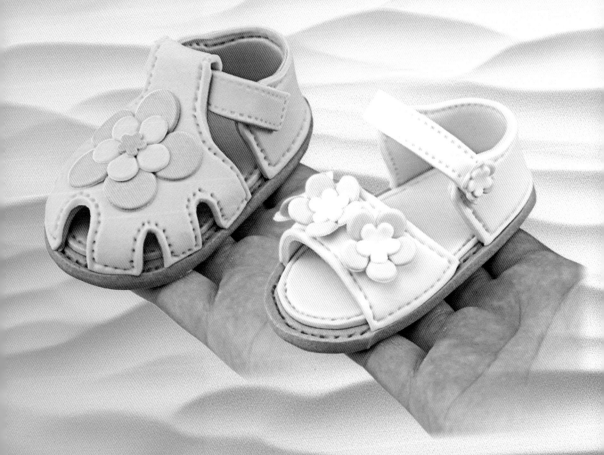

What You Need

- 500~700g 모델링 폰던
- 슈거 크래프트 기본 툴
- 식용 색소: 핑크, 아이보리, 블루, 브라운
- 벚꽃(블라썸) 커터
- 스티치 툴
- 대나무 꼬치
- 로열아이싱

블루 샌들 만들기

신발 밑창 만들기

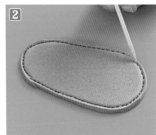
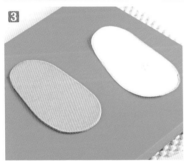

1 브라운 모델링 반죽을 밀어 5mm 두께로 만든다. 그 위에 밑창 종이 본을 대고 신발 밑창을 자른다.

2 신발 밑창 가장자리를 대나무 꽂이로 꾹꾹 눌러 박음선을 낸다.

> 스티치 툴을 사용해도 좋지만 구하기 쉬운 대나무 꽂이로 표현할 수 있다.

3 핑크 모델링 반죽을 2mm 두께로 밀고 안창 본을 이용해 자른다.

4 안창을 밑창에 물로 붙이고 대나무 꽂이로 박음선을 만든다. 스펀지 위에 올린다.

갑보(Heel grip) 만들기

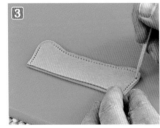

1 신발의 안감을 먼저 만든다. 핑크 모델링 반죽을 2mm 정도의 두께로 밀고, 힐(heel) 본을 대고 자른다.

> 자른 후에 모양이 늘어나거나 이그러지지 않게 주의한다.

2 블루 모델링 반죽을 2mm 두께로 밀고 위에 핑크 조각을 올린다. 두 반죽이 붙어야 하기에 한쪽에 약간의 물을 발라 준다. 모양대로 자른다.

34 핑크와 블루 양쪽에 박음선을 만든다.

> 대나무 꽂이가 불편하면 스티치 툴을 사용해도 좋다.

5 조각 아래쪽에 물을 바르고 준비한 밑창에 붙인다.

6 붙이는 자리는 밑창 위의 안창을 감싸듯이 붙인다.

코 싸개(Toe)와 신발 끈 만들기

1 신발 안쪽이 될 핑크 반죽을 2mm 두께로 밀고 코 싸개 종이 본을 올리고 조심스럽게 자른다.

> 본의 모양이 간단하지 않아 자르면서 반죽이 당겨져 모양이 변할 수 있으니 조심한다.

2 신발 끈과 연결할 윗부분은 종이 본보다 1cm 가량 짧게 자른다.

> 신발 끈과 연결되는 부위가 두꺼우면 접기 어려워 연결 부위는 안과 밖 두 겹이 되지 않도록 핑크 안감의 크기를 조절한다.

3 신발 바깥쪽으로 사용할 블루 반죽을 2mm 두께로 밀고 핑크 조각을 위에 놓고 모양대로 자른다. 신발 끈과 연결되는 윗부분은 종이 본을 대고 핑크 조각보다 길게 자른다.

4 표면이 되는 블루 사이드에만 박음질 선을 만든다.

5 새끼손가락이나 슈거 툴로 눌러 둥글게 모양을 만든다.

6 핑크와 블루 반죽을 얇게 밀어 두 반죽을 붙인 후 본대로 잘라 신발 끈을 만든다. 블루사이드에 박음질 선을 만든다.

7 신발 끈을 물을 사용해 힐에 붙이고 밑에 티슈를 넣어 모양을 지탱한다.

8 코 싸개 조각에 물을 꼼꼼히 바른다. 물을 많이 바르면 달라붙지 않고 미끌어지므로 물은 적당히 바른다.

20~30초가량 기다린 후 물 바른 곳이 끈적해졌을 때 붙이면 잘 붙는다.

9 코 싸개 조각의 윗부분을 신발 끈에 붙이고 핑크 안감이 없는 부분을 신발 끈 안쪽으로 접어 넣는다. 티슈로 모양을 잡는다.

하루 정도 완전히 말린 후에 위쪽 장식을 붙여야 모양이 망가지지 않는다.

신발 장식 만들기

1 세 가지 다른 크기의 벚꽃 커터로 꽃잎을 찍는다. 물로 세 꽃잎을 차례대로 붙인다.

2 3 건조된 신발에 꽃장식을 물로 붙인다. 꽃장식 외에도 여러 가지 다른 장식을 붙여 다양한 디자인의 신발을 만들 수 있다.

생일을 맞은 아기가 입고 있는 옷의 무늬나 신고 있는 신발을 모티브로 만들어도 재미있을 것이다.

오픈 토우 샌들 만들기

밑창과 갑보(Heel grip) 만들기

1 브라운과 핑크 모델링 반죽을 밀어 블루 샌들과 동일한 방법으로 밑창과 안창을 만들고 대나무 꽂이로 박음질 선을 만든다.

2 안쪽에는 핑크 반죽, 바깥쪽에는 아이보리 반죽을 사용하여 블루 샌들과 같은 방법으로 힐을 만들어 밑창에 붙인다.

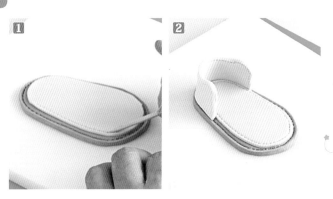

샌들의 토우(Toe) 부분 만들기

1 핑크 반죽을 2mm 두께로 밀어 샌들의 앞부분을 본대로 자르고 2mm 두께의 아이보리 반죽 위에 놓고 모양대로 자른다. 표면이 되는 아이보리 조각에만 박음질 선을 만든다.

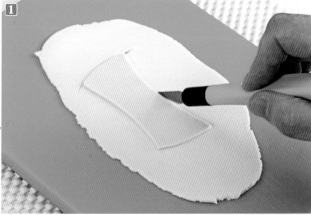

2 손가락으로 꾹꾹 눌러 둥글게 모양을 만든다.

3 본대로 신발 끈을 만든다.

4 조각의 양 끝에 물을 조금 바르고 잠시 두었다가(20~30초) 끈적해지면 밑창에 붙인다.

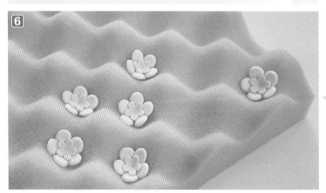

5 신발 끈을 물로 붙이고 티슈로 고정한다.

꽃장식을 붙이기 전 하루 정도 건조한다.

6 두 가지 크기의 벚꽃잎을 함께 붙이고 달걀 박스 같은 곳에 두어 오므라진 모양을 만든다.

미리 만들어 두었다가 신발에 장식한다.

7 로열아이싱으로 꽃을 신발에 붙인다.

오픈 토우 샌들 만들기

컨버스 슈즈 케이크 토퍼

What You Need

- 🍰 모델링 반죽 350g
- 🍰 식용 색소 : 핑크, 옐로, 블루
- 🍰 신발 본
- 🍰 스티치 툴
- 🍰 슈거 크래프트 기본 툴
- 🍰 물 또는 검 글루
- 🍰 화장지 또는 화장 솜
- 🍰 붓

신발 밑창 만들기

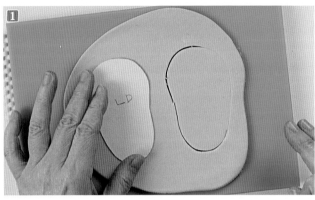

1 핑크 모델링 반죽을 5mm 두께로 밀고 신발 종이 본을 대고 밑창을 두 개 자른다. 왼쪽, 오른쪽을 구분하기 위해 한쪽은 종이 본을 뒤집어 자른다.

⇒ 모델링 반죽 만들기 참조

> 폰던으로 만들면 반죽에 힘이 없어 모양을 지탱할 수 없으니 꼭 모델링 반죽을 사용해야 한다.

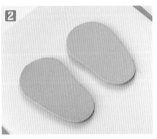
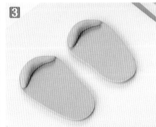

2 포장용 스펀지나 슈거 크래프트용 스펀지에 올린다. 그래야 밑창의 바닥 도 건조할 수 있다.

3 반죽 약 6g을 빚어서 신발의 앞부 분에 물로 붙인다. 이렇게 반죽을 넣으 면 신발의 앞 모양을 잘 잡을 수 있다.

텅(Tongue) 만들기

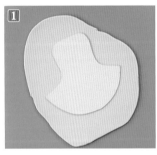
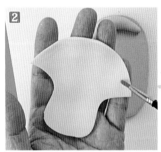

1 텅이 너무 두꺼우면 무겁게 보이 기에 밑창보다 얇게(2~3mm) 민다. 본을 대고 텅을 자른다.

> 텅은 왼쪽 오른쪽 구별 없이 사용할 수 있다.

2 조각 아래쪽에 붓으로 물을 꼼꼼 히 바른다.

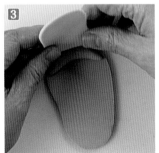
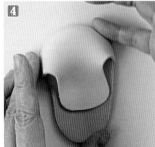

3 먼저 텅의 중앙이 밑창의 중앙에 가 도록 붙이고 밑창을 감싸면서 붙인다.

4 꼼꼼하게 잘 붙도록 새끼손가락으 로 부드럽게 누른다.

사라락!!

5 화장지나 솜을 텅 아래 넣어 모양을 잡는다.

토우 커버(Toe cover) 만들기

1 흰색 반죽을 얇게 밀어 토우 커버를 자르고 직선으로 자른 쪽에 스티치 툴로 박음선을 만든다.

2 신발의 앞 부분에 붙인다.

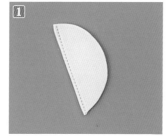

신발 옆면 만들기

1 옐로 반죽을 3mm 두께로 밀고 본을 대고 자른다.

본을 참고해 스티치 툴로 박음선을 만든다.

2 붓 꽁지로 신발 끈이 들어갈 구멍을 표시한다.

깊지 않게 자리만 표시한다.

3 핑크 반죽으로 작은 볼을 만들어 표시한 구멍 위에 올린다. 손가락으로 살짝 눌러 납작하게 만든 후 중앙을 붓 꽁지로 눌러 구멍을 만든다.

4 붓이 완전히 뚫고 나올 정도로 구멍을 내야 신발 끈을 넣기 쉽다.

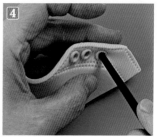

5 6 조각 아래쪽에 물을 바르고 밑창 뒤꿈치 중간부터 감싸듯이 밑창에 붙인다.

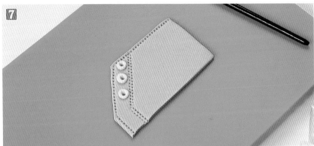

7 본을 뒤집어 반대편에 붙일 조각을 만든다.

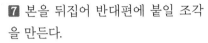

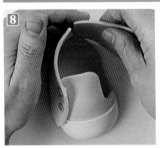

8 옐로 조각과 만나는 지점에 물을 바르고 밑창에 잘 붙도록 꼼꼼하게 붙인다.

9 똑같은 본을 가지고 만들어도 높이가 달라질 수 있으니 손으로 잡고 높이가 맞도록 조절하면서 잘 붙인다.

10 11 12 손으로 양쪽을 눌러 위쪽이 살짝 좁아지도록 조절한다.

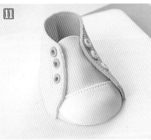

아래 장식 만들기

1 흰색 반죽을 3mm 두께로 길게 밀어 약 1cm 폭으로 길게 자른다.

> 신발의 앞부분을 제외한 전체를 감쌀 수 있게 길이 20cm로 자른다.

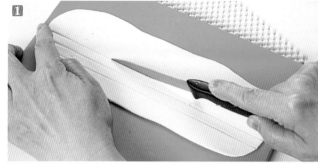

2 신발에 대어 보고 잘라 물을 꼼꼼히 바른다.

3 신발 옆면부터 붙이기 시작해 전체를 돌아가며 붙인다.

4 5 토우 부분도 길이를 재고 필요한 만큼 잘라 붙인다.
이렇게 되면 거의
완성이다.

파이팅!

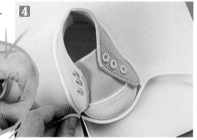

신발 끈 만들기

1 핑크 반죽을 2mm 두께로 밀어 5mm 폭이 되는 신발 끈을 여러 개 자른다.

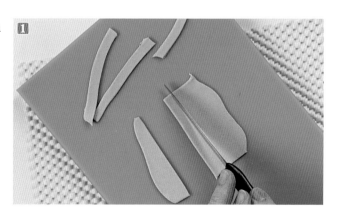

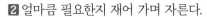

② 얼마큼 필요한지 재어 가며 자른다.

③ 신발 끈의 양 끝을 손으로 뾰족하게 누른다. 이렇게 해야 끈 구멍에 넣기도 쉽고 자연스럽게 보인다.

④ 양쪽에 물을 잘 바르고 신발 끈을 붙인다.

⑤ 양쪽의 신발 끈 구멍 위치가 대칭이면 반듯한 모양으로 보인다.

⑥ 약 11cm 신발 끈으로 리본을 만든다.
먼저 양 끝을 중앙에서 겹치도록 접는다.

⑦ 중간을 붓끝으로 눌러 달라 붙게 만들고 손가락으로 오므린다.

⑧ 작은 조각으로 중간을 감싸 붙인다.

⑨⑩ 리본 꼬리를 손가락으로 눌러 가늘게 만든다.

⑪ 물이나 검 글루로 신발에 붙인다.

⌗ 약 1cm 폭의 긴 조각을 만든다. 박음선을 만든 후에 조각의 끝부분을 안으로 접어 넣고 신발 뒤꿈치에 붙인다.

⌗⌗ 뒤꿈치의 이음새를 가려 깔끔하게 마무리한다.

백일이나 돌 케이크 토퍼로 사용해도 좋고, 테이블을 장식하는 용도로 사용해도 예쁘다.

 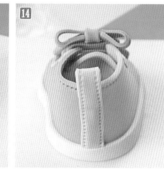

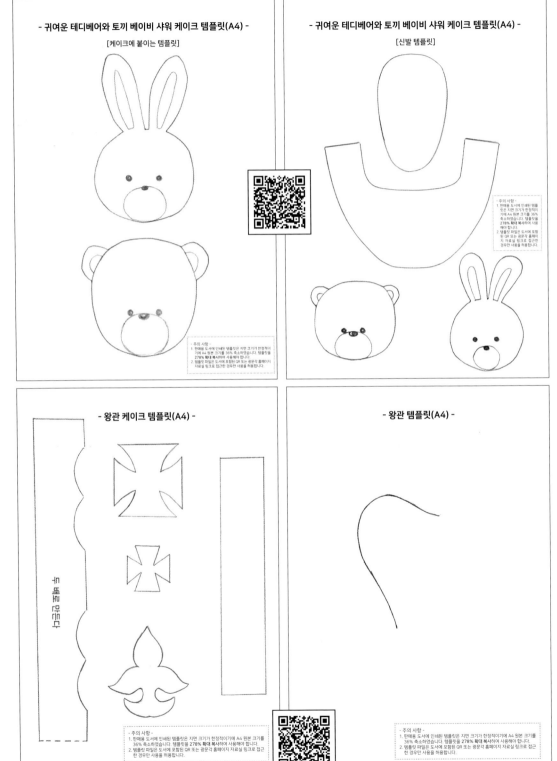

- 귀여운 테디베어와 토끼 베이비 샤워 케이크 템플릿(A4) -

[케이크에 붙이는 템플릿]

- 귀여운 테디베어와 토끼 베이비 샤워 케이크 템플릿(A4) -

[신발 템플릿]

- 왕관 케이크 템플릿(A4) -

- 왕관 템플릿(A4) -

다듬은 후 붙여두

- 주의 사항 -
1. 판매용 도서에 인쇄된 템플릿은 지면 크기가 한정적이기에 A4 원본 크기를 36% 축소하였습니다. 템플릿을 278% 확대 복사하여 사용해야 합니다.
2. 템플릿 파일은 도서에 포함된 QR 또는 광문각 홈페이지 자료실 링크로 접근한 경우만 사용을 허용합니다.

- 주의 사항 -
1. 판매용 도서에 인쇄된 템플릿은 지면 크기가 한정적이기에 A4 원본 크기를 36% 축소하였습니다. 템플릿을 278% 확대 복사하여 사용해야 합니다.
2. 템플릿 파일은 도서에 포함된 QR 또는 광문각 홈페이지 자료실 링크로 접근한 경우만 사용을 허용합니다.

- 주의 사항 -
1. 판매용 도서에 인쇄된 템플릿은 지면 크기가 한정적이기에 A4 원본 크기를 36% 축소하였습니다. 템플릿을 278% 확대 복사하여 사용해야 합니다.
2. 템플릿 파일은 도서에 포함된 QR 또는 광문각 홈페이지 자료실 링크로 접근한 경우만 사용을 허용합니다.

- 주의 사항 -
1. 판매용 도서에 인쇄된 템플릿은 지면 크기가 한정적이기에 A4 원본 크기를 36% 축소하였습니다. 템플릿을 278% 확대 복사하여 사용해야 합니다.
2. 템플릿 파일은 도서에 포함된 QR 또는 광문각 홈페이지 자료실 링크로 접근한 경우만 사용을 허용합니다.

- 공주님 화장대 케이크 템플릿(A4) -

- 핑크 공주님 성 케이크 템플릿(A4) -

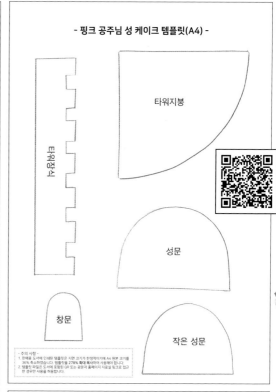

타워지붕

타워장식

성문

창문

작은 성문

- 숲속의 호박 집 케이크 템플릿(A4) -

문

창문

- 요정의 성 케이크 템플릿(A4) -

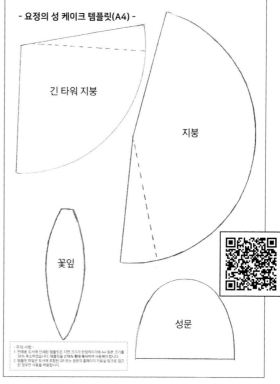

긴 타워 지붕

지붕

꽃잎

성문

- 회전 목마 케이크 말쿠키 템플릿 -

- 밤색 말 케이크 템플릿(A3) -

- 미 투유 베어
케이크 템플릿(A4) -

- 아기공주님 침대 케이크 템플릿(A4) -

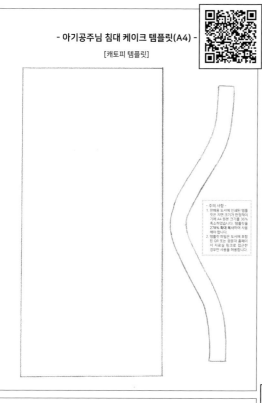

- 아기공주님 침대 케이크 템플릿(A4) -

[캐토피 템플릿]

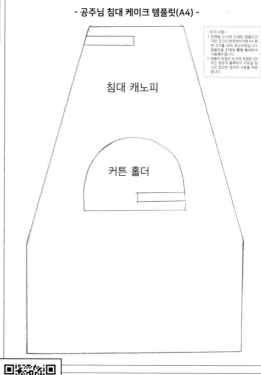

- 공주님 침대 케이크 템플릿(A4) -

침대 캐노피

커튼 홀더

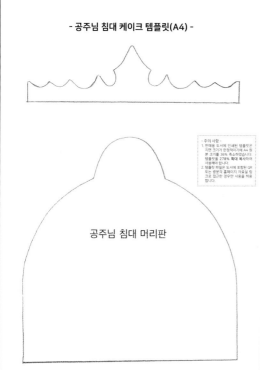

- 공주님 침대 케이크 템플릿(A4) -

공주님 침대 머리판

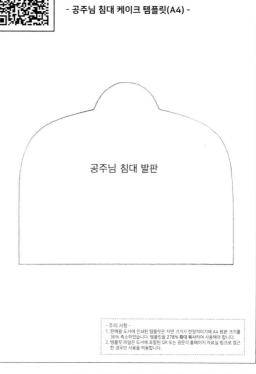

- 공주님 침대 케이크 템플릿(A4) -

공주님 침대 발판

- 크리스마스 케이크 템플릿(A4) -

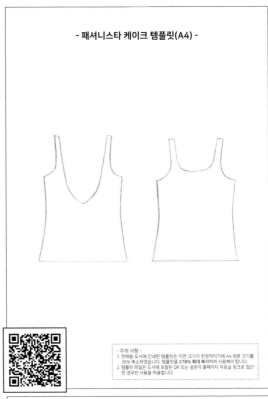

- 패셔니스타 케이크 템플릿(A4) -

- 핑크 프린세스 케이크 템플릿(A4) -

- 한복 케이크 템플릿(A4) -

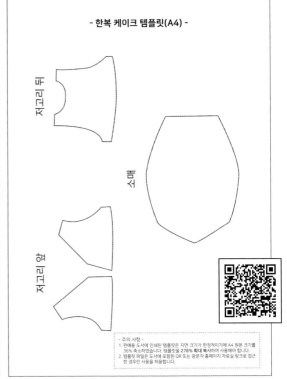

저고리 뒤

소매

저고리 앞

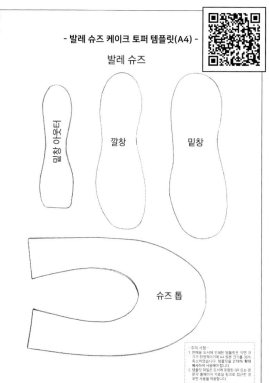

- 발레 슈즈 케이크 토퍼 템플릿(A4) -

발레 슈즈

슈즈 탑

깔창

밑창

밑창 아웃터

- 주의 사항 -
1. 판매용 도서에 인쇄된 템플릿은 지면 크기가 한정적이기에 A4 원본 크기를 36% 축소하였습니다. 템플릿을 278% 확대 복사하여 사용해야 합니다.
2. 템플릿 파일은 도서에 포함된 QR 또는 공식 홈페이지 자료실 링크로 접근한 경우만 사용을 허용합니다.

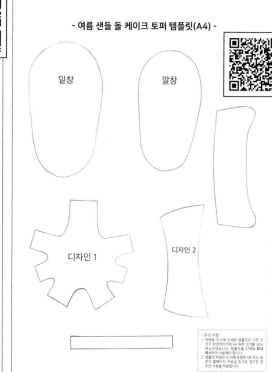

- 여름 샌들 돌 케이크 토퍼 템플릿(A4) -

밑창

깔창

디자인 1

디자인 2

- 주의 사항 -
1. 판매용 도서에 인쇄된 템플릿은 지면 크기가 한정적이기에 A4 원본 크기를 36% 축소하였습니다. 템플릿을 278% 확대 복사하여 사용해야 합니다.
2. 템플릿 파일은 도서에 포함된 QR 또는 공식 홈페이지 자료실 링크로 접근한 경우만 사용을 허용합니다.

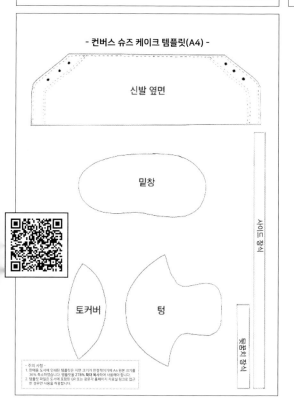

- 컨버스 슈즈 케이크 템플릿(A4) -

신발 옆면

밑창

사이드 장식

뒤꿈치 장식

토커버

텅

- 주의 사항 -
1. 판매용 도서에 인쇄된 템플릿은 지면 크기가 한정적이기에 A4 원본 크기를 36% 축소하였습니다. 템플릿을 278% 확대 복사하여 사용해야 합니다.
2. 템플릿 파일은 도서에 포함된 QR 또는 공식 홈페이지 자료실 링크로 접근한 경우만 사용을 허용합니다.

데보라의 달콤한 레시피

슈가케이크 마스터 클래스
SugarCake Master Class

- 템플릿(종이 본) 전체 페이지 -

QR을 사용해 전체 페이지 PDF를 확인하고 프린트 하실 수 있습니다.

Sugar Cake Master Class

데보라의 달콤한 레시피

슈가케이크 마스터 클래스

초판 1쇄 인쇄   2024년 1월 20일
초판 1쇄 발행   2025년 2월   5일

저자   황은숙(데보라)
펴낸이   박정태
편집이사   이명수   감수교정   정하경
편집부   김동서, 박가연
마케팅   박명준, 박두리   온라인마케팅   박용대
경영지원   최윤숙

펴낸곳   주식회사 광문각출판미디어
출판등록   2022. 9. 2 제2022-000102호
주소   파주시 파주출판문화도시 광인사길 161 광문각 B/D 3층
전화   031-955-8787   팩스   031-955-3730
E-mail   kwangmk7@hanmail.net
홈페이지   www.kwangmoonkag.co.kr

ISBN   979-11-93205-43-3   13590
가격   28,000원